T0132947

Le Langage des fleurs

Charlotte de La Tour

Le Langage des fleurs

*Édition ornée de vingt-deux gravures coloriées
et de nombreuses vignettes dans le texte
par Janick Drahée*

Klincksieck

DE NATVRA RERVM

collection dirigée
par
Xavier Carteret et Patrick Reumaux

© Klincksieck 2023
isbn 978-2-252-04700-2

Préface

eureuse la jeune fille qui ignore les folles joies du monde, et ne connaît pas de plus douce occupation que l'étude des plantes ! Simple et naïve, elle demande aux prairies ses plus touchantes parures : chaque printemps lui apporte des jouissances nouvelles, et chaque matin une moisson de fleurs vient payer ses soins par de nouveaux plaisirs. Un jardin est pour elle une source inépuisable d'instruction et de bonheur. Tantôt, par un art charmant, les fleurs se convertissent sous ses doigts en liqueurs parfumées, en essences précieuses, ou en conserves bienfaisantes ; tantôt, marchant sur les traces des van Spaendonck, elle fixe sur la toile les nuances trop fugitives de la plus belle des fleurs ; son pinceau habile nous montre la reine du printemps avec ses formes sphériques, ses tendres couleurs, le beau vert de son feuillage, les épines qui la défendent, la rosée qui la baigne, le papillon qui l'effleure. Rien n'est oublié ; on la voit, et au

sein de l'hiver même on croit, en la voyant, respirer encore les parfums du printemps. Ces études, en lui donnant le goût de la nature, remplissent son âme d'émotions ravissantes, et ouvrent devant elle les avenues enchantées d'un monde plein de merveilles. « Les fleurs, dit Pline, sont la joie des arbres qui les portent. » Cet observateur sublime aurait pu dire aussi, et de ceux qui les aiment et qui les cultivent. Interprètes des plus doux sentiments, les fleurs prêtent des charmes à l'amour même, à cet amour pur et chaste qui est, dit Platon, une inspiration des dieux. L'expression de cette passion divine doit être divine aussi, et c'est pour l'embellir encore qu'on a imaginé le langage ingénieux des fleurs. Ce langage, mieux que l'écriture, se prête à toutes les illusions d'un cœur tendre et d'une imagination vive et brillante. Dans les beaux temps de la chevalerie, l'amour respectueux et fidèle emprunta souvent ce doux langage. Les livres gothiques sont pleins d'emblèmes composés avec des fleurs : on voit, dans le roman de Perce-forêt, qu'un chapeau de roses est un trésor pour les amants ; on lit, dans celui d'Amadis, qu'Oriane prisonnière, ne pouvant ni parler ni écrire à son amant, lui apprit son malheur en lui jetant du haut d'une tour une rose baignée de ses larmes : charmante expression de douleur et d'amour ! Les Chinois ont un alphabet composé entièrement avec des plantes et des racines ; on lit encore sur les rochers de l'Égypte les anciennes conquêtes de ces peuples exprimées avec des végétaux étrangers. Ce langage est donc aussi vieux que le monde ; mais il ne saurait vieillir, car chaque printemps en renouvelle les caractères, et cependant la liberté de nos mœurs l'a relégué parmi les amusements des sérails. Les belles Odalisques s'en servent souvent pour se venger du tyran qui outrage et méprise leurs charmes : une simple tige de muguet, jetée comme par hasard, va apprendre à un jeune icoglan que la sultane favorite, fatiguée d'un amour tyrannique, veut inspirer, veut partager un sentiment vif et pur. Si on lui renvoie une rose, c'est comme si on lui disait que la raison s'oppose à ses projets ; mais une tulipe au cœur noir et aux pétales enflammés lui donne l'assurance que ses désirs sont compris et partagés ; cette ingénieuse correspondance, qui ne peut jamais ni trahir ni dévoiler un secret, répand tout à coup la vie, le mouvement et l'intérêt dans ces tristes lieux qu'habitent ordinairement l'indolence et l'ennui. Pour nous, qui vivons sans contrainte et pour qui la sagesse est un charme, une vertu, et non une dure nécessité, nous avons conservé à l'amour ses doux mystères, et ce sont eux qui lui donnent ses plus aimables attraits, car la liberté, que ce dieu poursuit sans cesse, est sa plus cruelle ennemie. Il faut à l'amour des ailes et un bandeau ; il faut qu'il dérobe tout à l'innocence, qu'il arrache tout à la sagesse ; car il méprise les dons volontaires, et ne veut que des conquêtes difficiles.

> Un doux nenni avec un doux sourire
> Est tant honnête[1] !

Un demi-aveu enchante bien plus qu'une certitude entière, et souvent j'ai vu l'abandon d'un bouquet rendre un amant

---

1. Marot

plus heureux que n'auraient pu le faire les expressions recherchées du plus tendre billet. L'art de se faire aimer est chez les femmes l'art de se défendre ; plus elles ont de scrupules et de délicatesse, plus elles sont dignes des hommages qu'on leur rend. Madame de Maintenon, qui subjugua le plus inconstant des rois, nous a donné son secret quand elle dit : « Je ne le renvoie jamais content, jamais désespéré. » Le véritable amour ne connaît ni ruse ni calcul ; son innocence fait sa force ; c'est lui seul qui prépare les saintes unions, les heureux mariages ; sans lui tout périrait dans la langueur. Un cœur indifférent n'a jamais connu les dévouements sublimes ; il ignore ces délicatesses charmantes qui donnent du prix à un soupir, à un regard, à un mot à demi prononcé, à une fleur qu'on retient et qu'on laisse prendre. Un cœur indifférent est aussi loin du bonheur que de la vertu ; il faut avoir connu l'amour, il faut l'avoir combattu pour être bon, compatissant, généreux. Mais ce n'est point au sein des villes, c'est dans les campagnes, au milieu des fleurs, que l'amour a toute sa puissance ; c'est là qu'un cœur véritablement épris s'élève jusqu'à son Créateur ; c'est là que des espérances éternelles, venant à se mêler à des sentiments passagers, embellissent les amants, et donnent à leurs regards, à leurs attitudes, ces expressions célestes qui touchent même les indifférents. C'est donc surtout pour ceux qui connaissent l'amour et qui vivent à la campagne, loin du tumulte du monde, que nous avons rassemblé quelques syllabes du langage des fleurs. Ce langage prêtera aussi ses charmes à l'amitié, à la reconnaissance, à l'amour filial, à l'amour maternel. Le malheur même peut emprunter des secours de ce doux langage : seul dans sa prison, l'infortuné Roucher se consolait en étudiant les fleurs que sa fille recueillait pour lui, hélas ! et, peu de jours avant sa mort, il lui renvoyait deux lis desséchés, pour exprimer en même temps et la pureté de son âme et le sort qui l'attendait. J'ai quelquefois vu un jeune enfant solliciter des secours pour sa pauvre mère en présentant un bouquet ; et c'est aussi en présentant une rose à celui dont il était esclave que le poëte Sadi l'engagea à briser ses chaînes. Il lui dit : « Fais du bien à ton serviteur tandis que tu en as le pouvoir, car la saison de la puissance est souvent aussi passagère que la durée de cette belle fleur. » Nous avons emprunté aux anciens et aux Orientaux la plupart des significations et des emblèmes que renferme cet ouvrage. En recherchant leur origine, nous avons toujours trouvé que le temps, loin d'en vieillir les expressions, leur prêtait sans cesse des grâces nouvelles. Du reste, il faut bien peu d'études dans la science que nous enseignons : la nature en a fait tous les frais. Il suffira de savoir deux ou trois règles que nous allons donner, et de parcourir le dictionnaire des significations pour devenir aussi habile que l'auteur même de cet ouvrage.

La première règle consiste à savoir qu'une fleur présentée droite exprime une pensée, et qu'il suffit de la renverser pour lui faire dire la chose contraire : ainsi, par exemple, un bouton de rose avec ses épines et ses feuilles veut dire : *Je crains, mais j'espère* ; si l'on rend ce même bouton en le renversant, cela signifie : *Il ne faut ni craindre ni espérer*. On comprendra parfaitement cette première règle en jetant les yeux sur le billet qui termine l'ouvrage. Mais ce que nous n'avons pas exprimé, ce sont les diverses modifications d'un sentiment ; il est pourtant aisé de les faire sentir, même avec une seule fleur. Prenons le bouton qui nous a déjà servi d'exemple ; dégarni de ses épines, il dira : *Il y a tout à espérer* ; dégarni de ses feuilles, il exprimera : *Il y a tout à craindre*. On peut aussi varier l'expression de presque toutes les fleurs, en variant leur position. La fleur de souci, par exemple, placée sur la tête, signifie : *peine d'esprit* ; sur le cœur : *peine d'amour* ; sur le sein : *ennui*. Il faut savoir encore que le pronom *moi* s'exprime en penchant la fleur à droite, et le pronom *toi* en la penchant à gauche. Tels sont les premiers principes de notre mystérieux langage : l'amour et l'amitié doivent y joindre leurs découvertes ; ces sentiments, les plus doux de la nature, peuvent seuls perfectionner ce qu'eux seuls ont inventé.

ROSE. LIÈRRE. MYRTE.

Beauté.   Amitié constante.   Amour.

à la Beauté, à l'Amitié, à l'Amour.

PRIMEVÈRE

Première Jeunesse.

SAULE PLEUREUR

Melancolie.

PRINTEMPS

MARS

HERBE, GAZON
Utilité.

n jour d'hiver, fatiguée des plaisirs bruyants de la ville, je m'enfuis au village. Là, chaque soir, ma bonne nourrice rassemblait autour de son foyer les jeunes bergères qui voulaient apprendre à filer le lin, ou à tresser avec l'osier des corbeilles et des formes à mettre les fromages. Souvent, au milieu de ces petites assemblées, on agitait, sans s'en douter, les questions les plus intéressantes.

Non point sur la fortune,
Sur ses jeux, sur la pompe et la grandeur des rois,

Mais sur ce que les champs, les vergers et les bois
Ont de plus innocent, de plus doux, de plus rare[2].

Un soir, j'assistai à une de ces veillées ; après nous avoir conté une histoire de revenant qui nous avait fait transir de peur, ma nourrice demanda à ses aimables disciples quelle était, à leur avis, la plante la plus utile : « Mon père, dit la vive Ernestine, soutient que c'est la vigne, parce que son jus réchauffe en hiver, que ses berceaux rafraîchissent en été, que son bois est utile, que les troupeaux se nourrissent de son feuillage, et qu'on peut sculpter ses racines, car le patron de notre village est fait d'une racine de vigne. — Oh ! si vous aviez été dans mon pays, reprit avec feu une jeune blonde, vous préféreriez comme moi le pommier, car son fruit, qui est très-beau, se conserve frais quand tous les autres ont disparu. D'ailleurs, la pomme ressemble à une fleur, elle nourrit l'homme, lui donne une boisson fort agréable, et l'arbre qui la produit prête son ombre au laboureur et alimente son foyer. Tous ces biens, le pommier les accorde sans demander, comme la vigne, de pénibles travaux. — Très-bien, dis-je à la jeune fille, mais je crois deviner à votre partialité pour ce bel arbre, à vos yeux bleus, à votre teint délicat, que vous êtes née en Normandie. Pour moi, qui n'ai guère observé nos campagnes, j'ai lu que dans un pays bien loin d'ici, qu'on appelle les Indes, un arbre superbe donne aux hommes un vin fort agréable, des fruits délicieux, un abri impénétrable à la pluie et aux rayons du soleil, et des feuilles dont on fait

2. La Fontaine.

sans peine une infinité de jolis ouvrages, et dont on pourrait se vêtir : cet arbre, c'est le palmier. — On voit bien, ma chère fille, me dit ma nourrice avec un doux sourire, que tu as étudié dans les livres les bienfaits de Dieu ; pour moi, qui les vois dans la nature, je crois que le blé, qui nourrit tant d'hommes, est de toutes les plantes la plus utile : sa paille couvre nos toits, on en fait des nattes et des chapeaux, et les peuples meurent quand sa récolte vient à manquer ; mais, avant de décider si le blé est le plus utile des biens, dites-nous votre pensée, chère Élise, vous qui, parmi toutes les fleurs, donnâtes l'autre jour le prix à la simple violette. A quelle plante accordez-vous le prix de l'utilité ? — Je ne crois pas, reprit en rougissant la modeste Élise, qu'il y ait de plantes plus utiles que l'herbe des prairies. A toutes celles que vous avez nommées il faut des soins et de la culture, au lieu que l'herbe vient sans travail. Elle donne à l'homme de quoi se reposer, elle croît également par toute la terre ; d'ailleurs, les petits oiseaux mangent ses graines, les animaux la paissent, et l'homme peut vivre du laitage des animaux. Je crois aussi l'herbe la plus utile de toutes les plantes, parce que j'ai entendu assurer à un sage qui a pris soin de ma jeunesse que les choses les plus utiles sont toujours les plus communes ; et qu'y a-t-il au monde de plus commun que l'herbe des champs ? » Nous applaudîmes toutes à ce discours, qui nous pénétra d'estime pour la modeste Élise, et d'admiration pour la Providence, qui, dans une petite plante, a su cacher de si grands bienfaits.

SAULE DE BABYLONE

Mélancolie.

J'entends le murmure des vents qui se mêlent aux frémissements de la pluie. Je suis triste, inquiète, éloignée de tout ce que j'aime, la société me pèse et me fatigue. Mais de toutes parts la nature me tend les bras ; c'est une tendre amie qui semble s'affliger de ma douleur. Dans le fond des bois, le rossignol chante, il déplore sans doute comme moi l'absence de ce qu'il aime. Isolé sur le bord des eaux, voilà le saule de Babylone ; étranger, il se désole sur nos rives ; ne dirait-on pas qu'il murmure sans cesse :

L'absence est le plus grand des maux[3] !

Cet arbre, hélas ! est une amante infortunée. Une main barbare, en l'exilant de sa patrie, l'a séparée pour toujours de l'objet de sa tendresse. Chaque printemps, abusée par une folle espérance, elle couronne de fleurs sa longue chevelure, elle redemande aux vents les caresses de celui qui devrait embellir sa vie ; penchée sur le sein des fontaines, ne dirait-on pas que, séduite par sa propre image, elle cherche le bonheur au fond des eaux ? Vaine recherche ! ni le zéphyr ni les nymphes des fontaines ne peuvent lui rendre ce qu'elle a perdu, ce qu'elle désire toujours.

Oui, de tous les maux de la vie,
L'absence est le plus douloureux ;

3.   La Fontaine.

Voilà pourquoi ces arbres malheureux
Sont consacrés à la mélancolie[4].

Saule cher et sacré, le deuil est ton partage ;
Sois l'arbre des regrets et l'asile des pleurs ;
Tel qu'un fidèle ami, sous ton discret ombrage,
　　Accueille et voile nos douleurs[5].

MARRONNIER D'INDE
Luxe.

Il y a plus de deux siècles que le marronnier d'Inde habite nos climats, et cependant on ne le voit point encore mêler sa tête fastueuse à celles des arbres de nos forêts. Il aime à embellir les parcs, à parer les châteaux et à ombrager la demeure des rois. On le voit triompher aux Tuileries, où il forme, autour du grand bassin, des massifs d'une beauté incomparable. Au Luxembourg, il étale avec complaisance sa pompe et sa magnificence.

Là, de marronniers les hautes avenues
S'arrondissent en voûte et nous cachent les nues[6] ?

Une journée un peu orageuse suffit, au commencement du printemps, pour que ce bel arbre se couvre tout à coup de verdure. Croît-il isolé, rien n'est comparable à l'élégance de sa forme pyramidale, à la beauté de son feuillage et à la

4.　Aimé Martin, *Lettres à Sophie.*
5.　*Idylle*, par M. Dubos.
6.　Castel, les *Plantes*, poëme.

richesse de ses fleurs, qui le font quelquefois paraître comme un lustre immense tout couvert de girandoles. Ami du faste et de la richesse, il couvre de fleurs les verts gazons qu'il protége, et prête à la volupté de délicieux ombrages. Mais il ne donne aux pauvres qu'un bois léger et un fruit amer ; quelquefois encore il lui accorde une faible aumône et le réchauffe de ses feuilles desséchées. Les naturalistes, et surtout les médecins, ont prêté à ce fils de l'Inde mille bonnes qualités qu'il ne possède pas. Ainsi ce bel arbre, comme l'homme riche auquel il prodigue son ombrage, trouve des flatteurs, fait malgré lui un peu de bien, et étonne le vulgaire par un luxe inutile.

LILAS
Première émotion d'amour.

On a consacré le lilas aux premières émotions d'amour, parce que rien n'a plus de charmes que l'aspect de ce gracieux arbuste au retour du printemps. En effet, la fraîcheur de sa verdure, la flexibilité de ses rameaux, l'abondance de ses fleurs, leur beauté si courte, si passagère, leur couleur si tendre et si variée, tout en lui rappelle ces émotions célestes qui embellissent la beauté, et prêtent à l'adolescence une grâce divine.

L'Albane n'a jamais pu fondre, sur la palette que lui avait confiée l'Amour, des couleurs assez douces, assez fraîches, assez suaves, pour rendre le velouté, la délicatesse et la douceur des teintes légères qui colorent le front de la première jeunesse. Ainsi van Spaendonck lui-même a laissé tomber son pinceau devant une grappe de lilas. La nature semble avoir pris plaisir à faire de chacune de ces grappes un massif, dont toutes les parties étonnent par leur délicatesse et leur variété. La dégradation de la couleur, depuis le bouton purpurin jusqu'à la fleur qui se décolore, est le moindre attrait de ces groupes charmants, autour desquels la lumière se joue et se décompose en mille nuances qui, toutes, venant à se fondre dans la même teinte, forment cette heureuse harmonie qui désespère le peintre et confond l'observateur. Quel travail immense la nature a entrepris, pour produire ce faible arbuste qui ne semble fait que pour le plaisir des sens ! Quelle réunion de parfum, de fraîcheur, de grâces, de délicatesse ! quelle variété de détails, quelle beauté d'ensemble ! Ah ! sans doute, dès l'origine des choses, la Providence l'avait destiné à être le lien qui unirait un jour l'Europe à l'Asie. Le lilas, que le voyageur Busbeck nous apporta de la Perse, croît maintenant sur les montagnes de la Suisse et dans les forêts de l'Allemagne.

Le rossignol, au retour de ses voyages, en voyant ses thyrses abandonnés mariés aux rameaux de l'épine qu'il chérit, croit avoir à célébrer deux printemps.

> A nos coteaux, à nos vergers,
> Il raconte ses aventures ;
> Des villes, des champs étrangers,
> Il fait de brillantes peintures,
> Et prédit leurs courses futures

Aux petits oiseaux passagers.
Il peint leurs troupes vagabondes
S'en allant au milieu des airs
Chercher des rives plus fécondes ;
Décrit le passage des mers
Et les prés fleuris des deux mondes ;
Et, de l'hymne heureux du retour
Faisant retentir les bocages,
Mêle encor les chants de l'amour
Au doux récit de ses voyages[7]

AMANDIER
Étourderie.

Emblème de l'étourderie, l'amandier répond le premier à l'appel du printemps. Rien n'est plus frais ni plus aimable que ce bel arbre, lorsqu'il paraît dans les premiers jours de mars, couvert de fleurs, au milieu de nos bosquets encore dépouillés. Les gelées tardives détruisent souvent les germes trop précoces de ses fruits ; mais, par un effet assez singulier, loin de faner ses fleurs, elles semblent leur donner un nouvel éclat. J'ai vu une avenue d'amandiers, toute blanche la veille, frappée du froid pendant la nuit, paraître couleur de rose le lendemain matin, et garder plus d'un mois cette nouvelle parure, qui ne tomba que lorsque l'arbre fut entièrement vert.

La Fable donne à l'amandier une touchante origine. Elle raconte que Démophon, fils de Thésée et de Phèdre, fut jeté par une tempête, en revenant du siége de Troie, sur

7. Aimé Martin. *Lettres à Sophie.*

les côtes de Thrace, où régnait alors la belle Phyllis. Cette jeune reine accueillit le prince, s'éprit d'amour pour lui et en fit son époux. Rappelé à Athènes par la mort de son père, Démophon promit à Phyllis de revenir dans un mois, et il fixa le moment de son retour. La tendre Phyllis compta toutes les minutes de l'absence ; enfin le jour tant désiré arriva : Phyllis courut neuf fois au rivage ; mais, ayant perdu tout espoir, elle y tomba morte de douleur, et fut changée en amandier. Cependant Démophon revint trois mois après ; désolé, il fit un sacrifice sur les bords de la mer pour apaiser les mânes de son amante. Elle parut sensible à son repentir et à son retour, car l'amandier qui la pressait sous son écorce fleurit tout à coup ; elle prouva par ce dernier effort que la mort elle-même n'avait pu la changer.

PERVENCHE
Doux souvenirs.

Déjà les vents ont purifié l'atmosphère, disséminé sur la terre les graines des végétaux, et chassé les sombres nuages ; l'air est vif et pur, le ciel semble plus élevé sur nos têtes, les gazons reverdissent de toutes parts, les arbres se couvrent de bourgeons. La nature va se parer de fleurs, mais d'abord elle prépare le fond de ses tableaux ; elle les couvre d'une teinte générale de verdure qui varie à l'infini, réjouit nos yeux et ouvre nos cœurs à l'espérance. Dès le mois passé, nous avons trouvé, à l'abri des coteaux, la violette, la marguerite, la primevère et la fleur dorée du pissenlit. Approchons-nous maintenant de la lisière des bois, l'anémone et la pervenche y promènent un long réseau de verdure et de fleurs ; ces deux plantes amies se prêtent des charmes mutuels : l'anémone a des feuilles molles, découpées profondément et d'un vert doux ; la pervenche a les siennes toujours vertes, fermes et luisantes ; sa fleur est bleue, et celle de l'anémone est d'un blanc pur, rosé sur les bords. Cette dernière ne dure qu'un jour ; elle nous retrace les joies vives et passagères de notre enfance. La pervenche est consacrée à un bonheur durable ; sa couleur est celle que préfère l'amitié, et sa fleur était pour J.J. Rousseau l'emblème des plus doux souvenirs. « J'allais, dit-il quelque part, m'établir aux Charmettes, avec madame de Warens ; en marchant, elle vit quelque chose de bleu dans la haie, et me dit : "Voilà de la pervenche encore en fleur." Je n'avais jamais vu de la pervenche ; je ne me baissai pas pour l'examiner, et j'ai la vue trop courte pour distinguer à terre les plantes de ma hauteur. Je jetai seulement, en passant, un coup d'œil sur celle-là, et près de trente ans se sont passés sans que j'aie revu de la pervenche, ou que j'y aie fait attention. En 1764, étant à Gressier, avec mon ami M. du Peyron, nous montions une petite montagne, au sommet de laquelle il y a un joli salon qu'il appelle avec raison Bellevue. Je commençais alors d'herboriser un peu. En montant, et regardant parmi les buissons, je pousse un cri de joie : "Oh ! voilà de la pervenche !" Et c'en était en effet. » Cette plante, image charmante d'une première affection, s'attache fortement au terrain qu'elle embellit ; elle l'enlace tout entier de ses flexibles rameaux ; elle le couvre de fleurs qui semblent répéter la couleur du ciel. Ainsi nos premiers sentiments, si vifs, si purs, si naïfs, semblent avoir une origine céleste ; ils marquent nos jours d'un instant de bonheur, et nous leur devons nos plus doux souvenirs.

TULIPE
Déclaration d'amour.

Sur les rives du Bosphore, la tulipe est l'emblème de l'inconstance ; mais elle est aussi celui du plus violent amour. Telle que la nature la fait croître aux champs de Byzance, avec ses pétales de feu et son cœur brûlé, elle va dire, malgré les grilles et les verrous, à la beauté captive, qu'un amant soupire pour elle, et que, si elle daigne se montrer un moment, sa vue mettra *son visage en feu et son cœur en charbon*. Ainsi un jeune homme naïf, sortant des mains de la nature, présente un hommage sans fard ; bientôt façonné par le monde, comme la tulipe par les mains du jardinier, il sera plus aimable, plus enjoué, il saura plaire, il aura cessé d'aimer.

La tulipe, sous le nom de tulipan, ou de turban, coiffe le front superbe de ces Turcs[8] barbares, qui adorent sa fleur et qui en font l'emblème de l'amour. Idolâtres de sa tige élégante et du beau vase qui la couronne, ils ne peuvent se

---

8. *Jardin d'hiver, ou Cabinet des fleurs*, contenant vingt-six élégies les plus rares et signalées par Jean Franeau. Un vol. in-4°, imprimé à Douai en 1616.

lasser d'admirer les panaches d'or, d'argent, de pourpre, de lilas, de violet, de rouge foncé, de rose tendre, de jaune, de brun, de blanc, et de tant d'autres nuances qui se jouent, se marient, se rejoignent, se séparent sur ces riches pétales sans jamais s'y confondre.

Dès les premiers jours du printemps, on célèbre dans le sérail du Grand Seigneur la fête des tulipes. On dresse des échafauds, on prépare de longues galeries, on y place des gradins en amphithéâtre, on les recouvre des plus riches tapis, et bientôt ils sont chargés d'un nombre infini de vases de cristal, couronnés des plus belles tulipes du monde. Le soir venu, tout s'illumine ; les bougies répandent les odeurs les plus exquises, des lampions de couleur brillent de tous côtés comme des guirlandes d'opales, d'émeraudes, de saphirs, de diamants et de rubis ; une quantité prodigieuse d'oiseaux renfermés dans des cages d'or, tous éveillés par ce spectacle, confondent leur ramage avec les mélodieux accords des instruments que touchent d'invisibles musiciens ; une pluie d'eau rose rafraîchit les airs ; les portes s'ouvrent, et les jeunes odalisques viennent mêler l'éclat de leurs charmes et de leur parure à celui de cette fête enchantée.

Au centre du sérail on voit le pavillon du Grand Seigneur ; le sultan, nonchalamment étendu sur des coussins, y paraît au milieu des présents qu'étalent à ses pieds les seigneurs de sa cour ; un nuage est sur son front ; il voit tout d'un air farouche. Quoi ! le chagrin a-t-il pénétré jusqu'à ce mortel tout-puissant ? a-t-il perdu une de ses provinces ? craint-il la révolte de ses fiers janissaires ? Non, deux pauvres esclaves

Tulipe, Chèvrefeuille, Campanule

ont seuls troublé son cœur. Il a cru voir, pendant les solennités de la fête, un jeune icoglan présenter une tulipe à la beauté qui le captive. Le sultan ignore les secrets réservés aux amants : cependant une inquiétude vague est entrée dans son cœur ; la jalousie le tourmente et l'obsède ; mais que peut ce sentiment, que peuvent les grilles et les verrous contre l'amour ? Un regard et une fleur ont suffi à ce dieu malin, pour changer un affreux sérail en un lieu de délices, et pour venger la beauté outragée par des fers.

Les tulipes ont aussi leurs adorateurs en Europe.

Ce fut depuis 1644 jusqu'à 1647 que la tulipomanie exerça son influence en Hollande. Dans ces années, les tulipes y montèrent à des prix énormes, et enrichirent beaucoup de spéculateurs. Les fleuristes estimaient surtout quelques espèces, auxquelles ils donnaient des noms particuliers. L'espèce la plus précieuse était celle qu'on nommait *semper-augustus* ; on l'évaluait à deux mille florins ; on prétendait qu'elle était si rare, qu'il n'existait que deux fleurs de cette espèce, l'une à Harlem, l'autre à Amsterdam. Un particulier, pour en avoir une, offrit quatre mille six cents florins, avec une belle voiture attelée de deux chevaux et tous les accessoires ; un autre céda pour un oignon douze arpents de terre.

La passion pour les tulipes tournait la tête à tout le monde. Ceux qui ne pouvaient s'en procurer faute d'argent comptant en acquéraient par un échange de terres et de maisons. Les fleuristes et d'autres particuliers qui se mêlaient de la culture des fleurs firent en très-peu de temps une fortune immense ; dès lors toutes les classes de la société voulurent faire le commerce des tulipes ; un parterre de tulipes était le plus grand trésor qu'on pût avoir, et valait autant que le plus magnifique château. On raconte qu'un matelot ayant apporté des marchandises à un négociant qui cultivait des tulipes pour ses spéculations, reçut de celui-ci pour déjeuner un hareng, avec lequel le matelot s'en alla : en chemin, il vit des oignons dans le jardin ; et, croyant que c'étaient des oignons communs, il les mangea tranquillement avec son hareng. Dans ce moment le négociant arriva, et s'écria dans son désespoir : « Malheureux, ton déjeuner m'a ruiné ; j'en aurais pu régaler un roi ! »

MÉNYANTHE
Calme, repos.

Le long de ce lac dont l'eau argentée reflète un ciel sans nuages, voyez-vous ces grappes aussi blanches que la neige ? Une teinte rose colore légèrement le revers de ces belles fleurs, et une touffe de filaments d'une grande délicatesse et d'une blancheur éblouissante s'échappe de ces coupes d'albâtre. Aucune expression ne peut rendre l'élégance de cette plante. Mais, pour ne jamais l'oublier, il suffit de l'avoir vue une seule fois se balancer mollement sur le bord des eaux, dont elle semble augmenter la transparence et la fraîcheur. Le ményanthe ne fleurit jamais pendant les jours orageux, il lui faut du calme pour s'épanouir ; mais ce calme dont il jouit, il semble le répandre autour de lui.

Avril.

AUBÉPINE.   **VALÉRIANE.**

Espoir   *Facilité.*

L'Espoir rend tout facile.

AVRIL

AUBÉPINE
Espérance.

ue tout s'anime d'espérance et de joie, l'hirondelle a paru dans les airs, le rossignol a gémi dans nos bocages, les fleurs de l'aubépine ont annoncé la durée des beaux jours. Pauvres vignerons ! rassurez-vous, la froide bise ne viendra plus détruire le tendre bourgeon, espoir de vos longs travaux. Heureux laboureurs ! le souffle du rude aquilon ne jaunira point vos plaines verdoyantes ; vous les verrez, quand le temps sera venu, se dorer des rayons du soleil. Trop heureux si, en cultivant votre héritage, vous en avez marqué les bornes par une haie d'aubépine ! de tristes murs ne viendront point vous attrister. La verdure, les fleurs et les fruits vont tour à tour réjouir vos yeux ; de brillants concerts vont sans cesse réjouir vos oreilles : le pinson, la fauvette, le chardonneret, le rossignol et le tarin, sont de retour de leurs longs voyages ; accueillez avec joie ces hôtes charmants, ils viennent pour vous servir, et non pour vous dépouiller. La chenille qui ravage vos arbres, le ver qui pique vos fruits, voilà la seule pâture qu'ils destinent à leurs familles. L'hiver, attirés par les cenelles éclatantes que la main de la ménagère n'aura pas recueillies[9], vous verrez le merle et la grive, dont les tardives amours auront empêché le départ ; il vous apprendront qu'il ne faut rien craindre des rigueurs du froid, car une saison trop dure les éloigne toujours de nos champs ; mais alors même ils ne sont point abandonnés : l'aimable rouge-gorge, quittant ses bois solitaires, s'approchera peut-être de vos rustiques foyers. Surtout que vos enfants n'attentent point à sa liberté ; qu'à la vue de sa confiance et de son malheur leurs cœurs s'ouvrent à la pitié, que leurs petites mains s'avancent avec précaution pour soulager la misère d'un pauvre oiseau. Hélas ! il ne demande que quelques miettes inutiles. Que vos enfants les lui accordent, il ne faut souvent qu'une bonne action pour faire germer la vertu dans de jeunes âmes.

Les Troglodytes, qui rappelèrent l'âge d'or sur la terre par des mœurs simples, couvraient, en riant, les parents que la mort leur avait enlevés de branches d'aubépine, car ils regardaient la mort comme l'aurore d'une vie où l'on ne se séparerait

---

9. Les cenelles sont les fruits de l'aubépine ; on en peut faire une boisson agréable.

plus. A Athènes, de jeunes filles portaient aux noces de leurs compagnes des branches d'aubépine ; l'autel de l'hyménée était éclairé par des torches faites du bois de cet arbuste, qui, comme on le voit, a toujours été l'emblème de l'espérance.

Il nous annonce de beaux jours ; il promettait aux belles Grecques d'heureux mariages, et aux sages Troglodytes une vie immortelle.

> L'homme se traîne, hélas ! de malheurs en malheurs ;
> Par sa mère enfanté dans le sein des alarmes,
> A ses gémissements répondant par ses larmes,
> Il entre dans le monde escorté de douleurs :
> L'espérance en ses bras le prend, sèche ses pleurs,
> Et le berce et l'endort[10].

PRIMEVÈRE
Première jeunesse.

Les houppes safranées de la primevère nous annoncent l'époque de l'année où l'hiver, en se retirant, voit les bords de son manteau de neige ornés d'une broderie de verdure et de fleurs. Ce n'est plus la saison des frimas, ce n'est pas encore celle des beaux jours. Ainsi une jeune fille balance quelques instants entre l'enfance et la jeunesse. A peine la timide Aglaé a vu naître son quinzième printemps, et déjà elle ne peut plus partager les jeux folâtres de ses jeunes com-

---

10. L'*Espérance*, poëme de Saint-Victor.

pagnes. Cependant elle les contemple, et son cœur brûle de les suivre ; elle voudrait, à leur exemple, réunir les fleurs de la primevère pour en former ces boules parfumées qu'on se jette, qu'on reçoit, et qu'on se jette encore. Mais un dégoût qu'elle ne peut vaincre éloigne du cœur de cette jeune beauté les innocentes joies. Une pâleur touchante se répand sur son front, sa tête se penche, son cœur languit et soupire, il souhaite ; il redoute un bien qu'il ignore ; elle a ouï dire que, comme le printemps succède à l'hiver, les plaisirs de l'amour succèdent à ceux de l'enfance. Pauvre fille ! tu les connaîtras, ces plaisirs toujours mêlés d'amertume et de pleurs, le retour de la primevère te les annonce aujourd'hui ; mais cette fleur te dit aussi que l'heureux temps de l'enfance ne peut plus renaître pour toi. Hélas ! dans quelques années elle reviendra te dire encore que l'amour et la jeunesse ont fui sans retour.

GLYCINE DE LA CHINE
Votre amitié m'est douce et agréable.

La glycine est une liane élégante ; les Chinois en ont fait le symbole d'une amitié tendre et délicate. Pour se développer, cette plante veut être soutenue et abritée au pied d'un mur qui regarde le midi. Ses belles fleurs, d'un bleu pâle, disposées en longues grappes pendantes, comme celles de l'acacia, se renouvellent plusieurs fois chaque année ; mais c'est au mois d'avril surtout qu'elles se déroulent de tous côtés et qu'elles inondent les plus grands arbres de leurs guirlandes

Rose de quatre saisons, Primevère

parfumées. Alors elles voilent nos murs, elles encadrent nos fenêtres, elles forment des berceaux, et retombent, comme une pluie de fleurs, des toits de nos maisons ; enfin elles se prêtent à tous les caprices, à toutes les exigences de ceux qui les cultivent avec amour.

On le voit, cette plante est facile, elle est agréable, elle est douce comme l'amitié ; et, pour la conserver, que lui faut-il ? ce que le cœur prodigue à un ami : de la tendresse et des soins.

MYRTE
Amour.

Le chêne, de tout temps, fut consacré à Jupiter, le laurier à Apollon, l'olivier à Minerve, et le myrte à Vénus. Une verdure perpétuelle, des branches souples, parfumées, chargées de fleurs, et qui semblent destinées à parer le front de l'Amour, ont valu au myrte l'honneur d'être l'arbre de Vénus. A Rome, le premier temple de cette déesse fut environné d'un bosquet de myrtes ; en Grèce, elle était adorée sous le nom de Myrtie. Quand Vénus parut au sein des ondes ; les Heures allèrent au-devant d'elle, et lui présentèrent une écharpe de mille couleurs et une guirlande de myrte. Après sa victoire sur Pallas et Junon, elle fut couronnée de myrte par les Amours. Surprise un jour en sortant du bain par une troupe de Satyres, elle se réfugia derrière un buisson de myrte ; ce fut aussi avec des branches de cet arbre qu'elle se vengea de l'audacieuse Psyché, qui avait osé comparer sa beauté passagère à une beauté immortelle : depuis lors la guirlande des Amours a quelquefois orné le front du guerrier. Après l'enlèvement des Sabines, les Romains se couronnèrent de myrte en l'honneur de Vénus guerrière, de Vénus victorieuse ; cette couronne partagea ensuite les privilèges du laurier, et brilla sur le front des triomphateurs. L'aïeul du second Africain vainquit les Corses, et ne parut plus aux jeux publics sans une couronne de myrte.

Aujourd'hui qu'on ne triomphe plus au Capitole, les dames romaines ont conservé un goût très-vif pour ce joli arbuste ; elles préfèrent son odeur à celle des plus précieuses essences, et elles versent dans leurs bains une eau distillée de ses feuilles, persuadées que l'arbre de Vénus est favorable à la beauté. Si les anciens ont eu cette idée, si l'arbre de Vénus était encore pour eux l'arbre des amours, c'est qu'ils avaient observé que le myrte, en s'emparant d'un terrain, en écarte toutes les autres plantes. Ainsi l'amour maître d'un cœur n'y laisse de place pour aucun autre sentiment.

ACANTHE
Les arts.

L'acanthe se plaît dans les pays chauds, le long des grands fleuves.

Le Nil du vert acanthe admire le feuillage.

Cependant, il croît facilement dans nos climats, et Pline as sure que c'est une *herbe de jardin qui sert merveilleusement à bien vigneter et à historier en verdure*[11]. Les anciens, si pleins de goût, ornaient leurs meubles, leurs vases et leurs vêtements précieux de ses feuilles si agréablement découpées. Virgile dit que la robe d'Hélène était bordée d'une guirlande d'acanthe en relief. Ce poëte divin veut-il louer un ouvrage de grand prix, c'est encore d'acanthe qu'il le décore.

> Du même Alcimédon je garde un même ouvrage :
> L'anse de chaque vase offre à l'œil enchanté
> De la plus souple acanthe un feuillage imité[12].

Ce charmant modèle des arts est devenu leur emblème, et il pourrait l'être aussi du génie, qui fait qu'on y excelle. Si quelque obstacle s'oppose à l'accroissement de l'acanthe, on le voit redoubler ses forces et végéter avec une nouvelle vigueur. Ainsi le génie s'élève et s'accroît par les obstacles mêmes qu'il ne saurait vaincre.

On raconte que l'architecte Callimaque, en passant auprès du tombeau d'une jeune fille morte depuis un an, et peu de jours avant un heureux mariage, fut ému d'une tendre pitié. Il s'approcha pour y jeter des fleurs, mais une offrande avait précédé la sienne. La nourrice de cette jeune fille, rassemblant les fleurs et le voile qui devaient servir à la parer le jour de ses noces, les avait placés dans un petit panier, puis, ayant mis

---

11. Traduction de du Pinet.
12. Langeac, traduction des *Bucoliques* de Virgile.

le panier auprès du tombeau, sur une plante d'acanthe, elle l'avait recouvert d'une large tuile. Au printemps suivant, les feuilles d'acanthe entourèrent le panier ; mais, arrêtées par les bords de la tuile, elles se recourbèrent, et s'arrondirent vers leurs extrémités. Callimaque, surpris de cette décoration champêtre, qui semblait l'ouvrage des Grâces en pleurs, en fit le chapiteau de la colonne corinthienne ; charmant ornement, que nous admirons et que nous imitons encore.

BUGLOSSE
Mensonge.

> Les ruines d'une maison
> Se peuvent réparer ; que n'est cet avantage
> Pour les ruines du visage[13] !

Le plus spirituel de nos moralistes, la Bruyère, a dit : « Si les femmes étaient telles naturellement qu'elles le deviennent par artifice, qu'elles perdissent en un moment toute la fraîcheur de leur teint, qu'elles eussent le visage aussi allumé et aussi plombé qu'elles se le font par le rouge et par la peinture dont elles se fardent, elles seraient inconsolables. »

Cette vérité me paraît incontestable ; et cependant, du nord au midi, de l'orient à l'occident, chez les peuples sauvages, chez les nations policées, le goût de se farder est

13. La Fontaine.

universel : l'Arabe vagabonde, la Turque sédentaire, la belle Persane, la Chinoise au petit pied, la Russe au teint frais, la flegmatique anglaise, l'indolente Créole, et la Française vive et légère ; toutes les femmes du monde veulent plaire, et toutes aiment à se farder. Ce goût bizarre règne au désert comme au sérail. Duperron raconte qu'une jeune sauvage, voulant attirer ses regards, prit furtivement un morceau de charbon, fut le piler dans un coin, s'en frotta les joues, et revint avec un air triomphant, comme si cet ornement l'avait rendue plus sûre de l'effet de ses charmes. M. Castellan, dans ses Lettres sur la Grèce et sur l'Helles-pont, trace à peu près ainsi le portrait d'une princesse grecque qu'il peignit à Constantinople : « Ce n'était point, dit-il, la beauté idéale que j'avais rêvée. Ses yeux noirs, bien fendus et à fleur de tête, avaient l'éclat du diamant ; mais ses paupières noircies en gâtaient l'expression. Ses sourcils, joints par une teinture, donnaient une sorte de dureté à son regard. Sa bouche, très-petite et fortement colorée, pouvait être embellie par le sourire, mais je n'eus jamais la satisfaction de l'y voir naître. Ses joues étaient couvertes d'un rouge très-foncé, et des mouches taillées en croissant défiguraient son visage. Qu'on imagine enfin l'immobilité parfaite de son maintien, le sérieux glacial de sa physionomie, et on croira que j'ai voulu représen-ter une madone italienne. » Ainsi le désir de plaire égare également la fille du désert et la belle odalisque. Le plus haut point de la civilisation est celui qui nous ramène à la nature et au bon goût, qui jamais ne s'en écarte. C'est lui qui inspira la Fontaine, lorsqu'il traça le portrait de la mère des Amours :

> Rien ne manque à Vénus, ni les lis, ni les roses,
> Ni le mélange exquis des plus aimables choses,
> Ni ce charme secret dont l'œil est enchanté,
> Ni la grâce, plus belles encor que la beauté[14].

Vénus elle-même n'était point sans artifice. Qu'il soit donc permis à la beauté d'en user quelquefois, mais que la vérité perce encore au travers d'un léger mensonge, et qu'un peu de rouge soit à la beauté mélancolique ce que le sourire est aux lèvres d'une mère souffrante qui veut voiler sa peine à ses enfants, ou la dérober aux yeux de la stupide indifférence.

On a fait de la buglosse l'emblème du mensonge, parce que sa racine sert à la composition de plusieurs sortes de fards. Celui dont elle est la base est peut-être le plus ancien et le moins dangereux de tous. Il réunit même plusieurs avantages, il dure quelques jours sans s'effacer, l'eau le ranime comme les couleurs naturelles, et il ne fane point la peau qu'il embellit.

> Mais cette pudeur douce, innocente, enfantine,
> Qui colore le front d'une rougeur divine[15],

rien ne saurait l'imiter, et l'art la détruit sans retour. Voulons-nous plaire longtemps, voulons-nous plaire toujours, écartons

---

14. Poëme d'*Adonis.*
15. Voltaire, *Henriade.*

le mensonge de nos cœurs, de nos lèvres et de notre visage, et répétons sans cesse avec le poëte :

Rien n'est beau que le vrai, le vrai seul est aimable.

BUGRANE, ARRÊTE-BŒUF
Obstacle.

Un charme magique qu'aucune parole ne saurait exprimer accompagne chaque matin l'aurore d'un beau jour. A l'aspect d'un si doux spectacle, le cœur le plus froid se sent pénétré de reconnaissance, l'imagination éteinte se rallume, et tout ce qui la frappe alors la touche, la pénètre, et se revêt pour elle des plus aimables formes.

Dans une de ces délicieuses matinées du printemps, égarée sur les bords de la Meuse, sans soin et sans parure, je goûtais ce bonheur indéfinissable que l'aube matinale apporte au laboureur pour le consoler chaque matin des peines de la veille, et le préparer aux travaux du jour. Assise au pied d'un saule, je sentais tomber la rosée, lorsque tout à coup je vis à quelques pas de moi un beau vieillard qui s'appuyait en souriant sur l'épaule d'un jeune adolescent, blond, vif et charmant, comme devait l'être l'amant de Psyché. Arrêtés sous l'arbre voisin, tous deux ils considéraient de jeunes laboureurs, dont l'un, guidant le soc de sa charrue, ouvrait la terre, tandis que l'autre dirigeait quatre bœufs vigoureux aidés de deux forts chevaux qui, en avançant d'un pas égal et lent, traçaient dans la plaine de longs et vastes sillons. Tout à coup l'attelage fait de vains efforts, il s'arrête comme enchaîné par une invisible main. Le fouet le presse, les traits se tendent, mais en vain. Les bœufs et les chevaux ne sauraient avancer. « Mon père, dit le jeune homme, la charrue a sans doute rencontré la pointe d'un rocher ou la racine d'un vieux chêne, car qui pourrait arrêter des animaux si forts et si courageux ? — Une bien faible plante sans doute, repartit le vieillard, mais à laquelle on a laissé pousser de profondes racines ; regarde à tes pieds, vois ces humbles rameaux couverts de jolies fleurs roses et papilionacées ; n'y porte pas la main, car ces fleurs couvrent des épines longues et cruelles ; ce sont les racines de cette tige si frêle en apparence qui arrêtent, comme tu le vois, l'effort de ces deux hommes et de ce puissant attelage. Mais regarde, les voilà qui redoublent d'efforts, l'obstacle est rompu, la plante est déracinée. Cette plante, mon fils, est une bugrane, appelée vulgairement arrête-bœuf : avec ses jolies fleurs, ses longues épines et ses racines profondes, c'est la sirène des champs et l'emblème des obstacles que le vice oppose à la vertu. Souvent, comme elle, le vice nous attire par une apparence aimable et nous arrête par d'invisibles chaînes. Pour en triompher toujours, souviens-toi, mon fils, qu'il faut une volonté ferme : avec elle, la vertu et le génie ne connaissent point d'obstacles. — Mon père, reprit le jeune homme, je n'oublierai jamais la leçon que votre expérience donne à ma jeunesse. Chaque jour je m'en souviendrai en voyant lever le soleil. » A ces mots, le vieillard et son fils s'éloignè-

rent ; mais leurs discours restèrent gravés dans mon cœur.
Combien de fois, faible et agitée, je me suis rassurée contre
moi-même en répétant ces paroles du vieillard : *La vertu ne
connaît point d'obstacles !*

CHÈVRE-FEUILLE DES JARDINS
Liens d'amour.

La faiblesse plaît à la force, et souvent elle lui prête ses
grâces. J'ai quelquefois vu un jeune chèvrefeuille attacher
amoureusement ses tiges souples et délicates au tronc noueux
d'un vieux chêne ; on eût dit que ce faible arbrisseau voulait,
en s'élançant dans les airs, surpasser en hauteur le roi des
forêts ; mais bientôt, comme si ses efforts eussent été inutiles,
on le voyait retomber avec grâce et environner le front de
son ami de doux festons et de guirlandes parfumées. Ainsi
l'amour se plaît quelquefois à unir une timide bergère à un
superbe guerrier. Malheureuse Desdémona ! c'est l'admiration que t'inspirent le courage et la force, c'est aussi le
sentiment de la faiblesse qui attachent ton cœur au terrible
Othello ; mais la jalousie vient te frapper sur le sein même
de celui qui devrait te protéger. Voluptueuse Cléopâtre, tu
subjuguas le fier Antoine, et le sort n'épargna ni tes charmes,
ni la grandeur de ton soutien. Renversés du même coup, on
vous vit tomber et mourir ensemble. Et toi, humble et douce
la Vallière, l'amour du plus grand roi put seul subjuguer
ton faible cœur et l'arracher à la vertu. Pauvre liane, le vent

de l'inconstance te priva bientôt de ce cher appui, mais tu ne rampas jamais sur la terre ; ton noble cœur, élevant ses affections vers le ciel, alla porter son tendre hommage à celui seul qui est digne d'un immortel amour.

LUZERNE
Vie.

La luzerne occupe longtemps le même terrain ; mais, quand elle l'abandonne, c'est pour toujours. Voilà sans doute pourquoi on en a fait l'emblème de la vie.

Rien n'est plus charmant qu'un champ de luzerne en fleur ; il se déroule aux yeux comme un long tapis vert glacé de violet. Chérie du cultivateur, cette plante lui prodigue d'abondantes récoltes, sans en exiger aucun soin. On la fauche, elle renaît. A son aspect, la génisse se réjouit ; aimée de la brebis, elle fait les délices de la chèvre et la joie du cheval. Originaire de nos climats, ce doux présent nous vient immédiatement du ciel. Nous le possédons sans efforts, nous en jouissons sans attention, sans reconnaissance. Souvent nous lui préférons une fleur qui n'a d'autre mérite qu'un éclat passager. Ainsi nous quittons trop souvent un bonheur certain pour courir après de vains plaisirs qui fuient et s'envolent aussi.

MUGUET.

Retour du Bonheur.

MAI

MUGUET DE MAI OU LIS DES VALLÉES
Retour du bonheur.

Le muguet aime le creux des vallons, l'ombre des chênes, le bord des ruisseaux ; dès les premiers jours de mai, ses fleurs d'ivoire s'entr'ouvrent et versent leurs parfums dans les airs. A ce signal, le rossignol quitte nos haies et nos buissons, et va chercher au sein des forêts une compagne, une solitude et un écho qui réponde à sa voix ; guidé par le parfum du lis des vallées, le charmant oiseau a bientôt choisi son asile ; il s'y établit, en chasse ses rivaux, et y célèbre, par des chants mélodieux, la solitude, l'amour et la fleur qui, chaque année, lui annonce le retour du bonheur.

TROËNE
Défense.

« Pourquoi, disait une jeune mère de famille au véné-
rable pasteur de son village, n'avez-vous pas planté une
forte palissade d'épines à la place de cette haie de troëne
fleuri qui entoure votre jardin ? » Le pasteur lui répondit :
« Lorsque vous défendez à votre fils un plaisir dangereux, la
défense s'embellit sur vos lèvres d'un tendre sourire, votre
regard le caresse, et, s'il se mutine, votre main maternelle
lui offre aussitôt un joujou qui le console : de même la haie
du pasteur doit éloigner les indiscrets, et offrir des fleurs à
ceux mêmes qu'elle repousse. »

BRUYÈRE COMMUNE
Solitude.

Les prairies se couvriront toujours de fleurs, les plaines
de moissons, les coteaux de pampre vert, et les montagnes
de sombres forêts.

Heureux bergers ! vous pouvez danser dans la prairie,
vous couronner des épis de Cérès, vous enivrer des dons
de Bacchus et vous reposer à l'ombre des forêts ; vous le
pouvez, car tout est joie pour les heureux.

Pour moi, guidée par la mélancolie, je porterai mes pas
vers ces lieux écartés que l'humble bruyère, amante de
la solitude, dispute aux travaux des hommes : là, assise à

l'ombre d'un genêt, je me livrerai à mes sombres pensées, et bientôt je verrai accourir de toutes parts des êtres malheureux, souffrants, affligés comme moi. La perdrix, chassée de nos guérets après avoir perdu sa jeune famille ; la biche, poursuivie par les chiens ; le lièvre aux abois, le lapin timide, effrayés d'abord à mon aspect, s'accoutumeront enfin à mes larmes ; peut-être même viendront-ils jusqu'à mes pieds chercher un abri contre la persécution des hommes ! Vous m'entourerez aussi, laborieuses abeilles ; si je dérobe une seule tige de bruyère à vos solitudes, vous viendrez jusque dans mes mains puiser le miel que vous recueillez, hélas ! pour d'autres que pour vous. Et vous, bruyantes gélinottes à la voix éclatante ! vous mesurerez, pour vous et pour moi, le temps qui s'enfuit, sans laisser aux déserts ni traces ni regrets. Douces colombes ! tendres rossignols ! vos gémissements et vos soupirs sont faits pour les bosquets parfumés, mais je ne puis plus rêver à leur ombre ; la voix du désert vous glace ; elle a pour moi des charmes : aux premières clartés de la lune, cette voix lugubre retentira dans les airs. Roi de ces solitudes, le hibou sortira du tronc caverneux d'un vieux chêne, perché sur les branches qui cachent son palais de mousse ; sa voix effraye l'amante craintive qui compte les heures de l'absence, elle fait trembler la mère qui veille auprès du lit où la fièvre retient son unique enfant ; mais elle console le malheureux qui a cédé à la tombe tout ce qu'il aimait sur la terre…

Souvent cette voix lugubre te réveilla, infortuné Young ! pour te parler de la mort et de l'éternité ; souvent elle me réveille aussi ; et si, comme à toi, elle ne m'inspire pas des chants sublimes, comme à toi elle m'inspire le dégoût du monde et l'amour de la solitude.

NARCISSE
Égoïsme.

Le narcisse des poëtes répand une douce odeur ; il porte une couronne d'or au centre d'une large fleur, toujours blanche comme l'ivoire, et légèrement inclinée : cette plante paraît naturelle à nos climats ; elle aime l'ombre et la fraîcheur des eaux.

Les anciens voyaient dans cette fleur la métamorphose d'une jeune berger qu'Amour punit de son indifférence par un fatal égarement. Mille nymphes aimèrent le beau Narcisse, et connurent le supplice d'aimer sans retour. Écho, la triste Écho, fut méprisée par cet ingrat ; elle était belle alors, mais la douleur et la honte effacèrent sa beauté : une affreuse maigreur se répandit sur tout son corps ; les dieux en eurent pitié ; ils changèrent ses os en pierres, mais ils ne purent guérir son âme, qui gémit encore dans les lieux écartés où tant de fois elle suivit le cruel qui ne put l'aimer.

Fatigué par l'exercice de la chasse et par la chaleur qui desséchait la terre, le beau Narcisse se reposa un jour sur un épais gazon, au bord d'une fontaine dont les eaux limpides n'avaient jamais été troublées : le berger, attiré par la fraîcheur, veut se désaltérer ; il se penche vers le pur cristal de cette onde perfide ; il se voit, il s'admire, et reste si frappé de son image, que, les yeux fixés sur cette ombre, il perd tout mouvement, et semble une statue attachée sur la rive. Amour, qui se venge d'un cœur rebelle, embellit cette image de tous les feux qu'elle inspire ; puis il se rit d'une si folle erreur, abandonnant sa victime au délire qui doit la consumer. Écho, seule, fut témoin de sa peine, de ses larmes, de ses soupirs, des vœux insensés qu'il s'adressait à lui-même. Sensible encore, la nymphe répondit à ses plaintes, et redit son dernier adieu, qui ne fut pas pour elle : même en expirant, le malheureux cherchait encore au fond des eaux l'erreur qui l'avait charmé ; on assure même qu'en descendant aux enfers il la redemanda aux eaux ténébreuses du Styx, des bords duquel rien ne put le détacher. Les Naïades, ses sœurs, déplorèrent sa perte, et couvrirent son corps de leurs longues chevelures ; elles prièrent les Dryades d'élever un bûcher pour ses funérailles. Écho suivait ces nymphes, et redisait leurs plaintes d'une voix désolée. Le bûcher s'élève, mais le corps qu'il doit mettre en cendres n'existe plus ; on ne trouve à sa place qu'une fleur pâle et mélancolique, qui se penche sur l'eau des fontaines comme Narcisse sur celle du Styx.

Depuis ce jour, les Euménides parent leurs fronts terribles d'une couronne de ces fleurs qu'elles ont consacrées elles-mêmes à l'égoïsme, qui est de toutes les fureurs la plus triste et la plus funeste.

TILLEUL
Amour conjugal.

Baucis fut changée en tilleul, et le tilleul devint l'emblème de l'amour conjugal. En jetant un coup d'œil sur les plantes consacrées par la mythologie des anciens, on ne peut se lasser d'admirer avec quelle justesse ils ont su rapprocher les qualités de la plante de celles du personnage qu'elle devait représenter. La beauté, la grâce, la simplicité, une douceur extrême, un luxe innocent, tels seront dans tous les siècles les attributs et les perfections d'une tendre épouse. Toutes ces qualités, on les trouve réunies dans le tilleul, qui se couvre, chaque printemps, d'une si douce verdure, qui répand de si douces odeurs, qui prodigue aux jeunes abeilles le miel de ses fleurs, et aux mères de famille ses flexibles rameaux dont elles savent faire tant de jolis ouvrages. Tout est utile dans ce bel arbre : on boit l'infusion de ses fleurs, on file son écorce, on en fait des toiles, des cordes et des chapeaux. Les Grecs en faisaient du papier rejoint par lames comme celui du papyrus. J'ai vu du papier de cette écorce fabriqué à notre manière, qu'on aurait pris pour du satin blanc. Mais essayerai-je de peindre les effets ravissants de son beau feuillage, lorsque tout frais encore on le voit doucement tourmenté par des vents qui y creusent des voûtes, des cavernes de verdure ? On dirait que ces jeunes feuilles ont été coupées dans une étoffe plus douce, plus brillante et plus souple que la soie, dont elles ont les heureux reflets. Jamais on ne se lasse de contempler ce vaste ombrage ; toujours on voudrait se reposer à son abri, écouter ses murmures, respirer ses parfums. Le superbe

Muguet, Coquelicot, Belle-de-jour

marronnier, l'acacia si léger, ont disputé un moment au tilleul sa place dans les avenues et les promenades publiques ; mais rien ne saurait l'en bannir. Qu'il soit à jamais l'ornement des jardins du riche, et le bienfaiteur du pauvre, auquel il donne des étoffes, des meubles, des chaussures ;

> L'ombre l'été ; l'hiver, les plaisirs du foyer.

Qu'il soit l'exemple des épouses, en leur rappelant sans cesse que Baucis en fut le modèle.

> Baucis devient tilleul, Philémon devient chêne ;
> On les va voir encore, afin de mériter
> Les douceurs qu'en hymen amour leur fit goûter.
> Ils courbent sous le poids des offrandes sans nombre.
> Pour peu que les époux séjournent sous leur ombre,
> Ils s'aiment jusqu'au bout, malgré l'effort des ans[16].

FRAISES
Bonté parfaite.

Un de nos plus illustres écrivains conçut le projet d'écrire une histoire générale de la nature, à l'imitation des anciens et de plusieurs modernes. Un fraisier, qui par hasard avait crû sur sa fenêtre, le détourna de ce vaste dessein ; il observa ce fraisier, et il y découvrit tant de merveilles, qu'il vit bien que l'étude d'une seule plante et de ses habitants suffisait pour remplir la vie de plusieurs savants. Il quitta donc son

16. La Fontaine, *Philémon et Baucis.*

projet et renonça à donner un titre ambitieux à son ouvrage, qu'il se contenta d'appeler modestement *Études de la nature*. C'est dans ce livre, digne de Pline et de Platon, qu'il faut prendre le goût de l'observation, celui de la bonne littérature, et c'est là surtout qu'il faut lire l'histoire du fraisier. Cette humble plante se plaît dans nos bois et couvre leurs lisières de ces fruits délicieux qui appartiennent à tous ceux qui veulent les cueillir. C'est un don charmant que la nature a soustrait au droit exclusif de la propriété, et qu'elle se plaît à rendre commun à tous ses enfants. Les fleurs du fraisier forment de jolis bouquets ; mais quelle est la main barbare qui voudrait, en les cueillant, dérober leurs fruits à la main qui, plus tard, doit les cueillir ? C'est surtout au milieu des glaciers des Alpes qu'on aime à retrouver ces fruits dans toutes les saisons. Lorsque le voyageur, brûlé du soleil, accablé de fatigue sur ces rochers aussi vieux que le monde, au milieu de ces forêts de mélèzes à moitié renversées par des avalanches, cherche vainement une cabane pour se reposer, une fontaine pour se rafraîchir, il voit tout à coup sortir du milieu des rochers des troupes de jeunes filles qui s'avancent vers lui avec des corbeilles de fraises parfumées ; elles apparaissent sur toutes les hauteurs, au fond de tous les précipices. Il semble que chaque rocher, chaque arbre, soit gardé par une de ces nymphes que le Tasse plaçait à la porte du jardin d'Armide. Aussi séduisantes et moins dangereuses, les jeunes paysannes de la Suisse, en offrant leurs charmantes corbeilles au voyageur, loin d'arrêter ses pas, lui donnent des forces pour s'éloigner d'elles.

Le savant Linnée fut guéri de fréquentes attaques de goutte par l'usage des fraises. Souvent ce fruit a rendu la santé à des malades abandonnés de tous les médecins. On en compose mille délicieux sorbets, ils font les délices des meilleures tables, et tout le luxe des champêtres repas. Partout ces baies charmantes, qui le disputent en fraîcheur et en parfum au bouton de la plus belle des fleurs, flattent la vue, le goût et l'odorat. Cependant il y a des êtres assez disgraciés pour haïr les fraises, et s'évanouir à la vue d'une rose. Faut-il s'en étonner, puisqu'on voit de certaines personnes pâlir au récit d'une belle action, comme si l'inspiration de la vertu leur était un reproche ? Heureusement ces tristes exceptions n'ôtent rien au charme de la vertu, à la beauté de la rose, ni à la bonté parfaite du plus charmant des fruits.

THYM
Activité.

Des mouches de toutes les formes, des scarabées de toutes les couleurs, les diligentes abeilles, les papillons légers, environnent sans cesse les touffes fleuries du thym. Peut-être que cette humble plante paraît à ces légers habitants de l'air, qui ne vivent qu'un printemps, comme un arbre immense aussi vieux que la terre, couvert d'une verdure éternelle sur laquelle ses fleurs brillent comme de superbes amphores toutes pleines de miel à leur usage.

Les Grecs regardaient le thym comme le symbole de l'activité ; sans doute ils avaient observé que son parfum, qui fortifie le cerveau, est très-salutaire aux vieillards, auxquels il rend de l'énergie, de la souplesse et de la vigueur.

L'activité est une vertu guerrière qui toujours s'associe avec le véritable courage. C'est pour cela qu'autrefois les dames brodaient souvent, sur l'écharpe de leurs chevaliers, une abeille bourdonnant autour d'une branche de thym. Ce double symbole disait encore que celui qui l'avait adopté mêlerait la douceur à toutes ses actions.

VALÉRIANE ROUGE
Facilité.

La valériane à fleurs rouges est assez nouvellement descendue des Alpes dans nos jardins. Sa parure est brillante, mais toujours un peu en désordre. Cette fille des montagnes conserve au milieu de nos fleurs cultivées un port rustique qui lui donne un peu l'air d'une parvenue ; cependant cette beauté sauvage doit sa fortune à son mérite ; sa racine est excellente contre la plupart des maladies qu'engendre la mollesse ; son infusion fortifie la vue, ranime les esprits, éloigne la mélancolie ; ses fleurs durent presque toute l'année ; la culture les embellit, mais elles ne dédaignent jamais leur champêtre origine, et on les voit quitter nos plates-bandes pour parer les flancs d'une aride colline ou la cime d'un mur abandonné. Les valérianes de nos bois et celles de nos prairies ont autant de vertus et de beautés que la valériane rouge ; mais la main du jardinier les néglige, parce qu'elles manquent de l'heureuse facilité qui distingue celle des Alpes.

CHEVREFEUILLE.

Liens d'Amour.

ÉTÉ

JUIN

SUR LES ROSES

ui jamais a su chanter et n'a pas chanté la rose ? Les poëtes n'ont pu exagérer sa beauté, ni parfaire son éloge ; ils l'ont appelée, avec justice, fille du ciel, ornement de la terre, gloire du printemps ; mais quelle expression a jamais rendu les charmes de cette belle fleur, son ensemble voluptueux et sa grâce divine ? Quand elle s'entr'ouvre, l'œil suit avec délices ses harmonieux contours. Mais comment décrire les portions sphériques qui la composent, les teintes séduisantes qui la colorent, le doux parfum qu'elle exhale ? Voyez-la, au printemps, s'élever mollement sur son élégant feuillage, environnée de ses nombreux boutons ; on dirait que la reine des fleurs se joue avec l'air qui l'agite, qu'elle se pare des gouttes de la rosée qui la baignent, qu'elle sourit aux rayons du soleil qui l'entr'ouvrent ; on dirait que la nature s'est épuisée pour lui prodiguer à l'envi la fraîcheur, la beauté des formes, le parfum, l'éclat et la grâce. La rose embellit toute la terre : elle est la plus commune des fleurs. Le jour où sa beauté s'accomplit, on la voit mourir ; mais chaque printemps nous la rend fraîche et nouvelle. Les poëtes ont eu beau la chanter, ils n'ont point vieilli son éloge, et son nom seul rajeunit leurs ouvrages. Emblème de tous les âges, interprète de tous nos sentiments, la rose se mêle à nos fêtes, à nos joies, à nos douleurs. L'aimable gaieté s'en couronne, la chaste pudeur emprunte son doux incarnat ; on lui compare la beauté, on la donne pour prix à la vertu ; elle est l'image de la jeunesse, de l'innocence et du plaisir ; elle appartient à Vénus, et, rivale de la beauté même, la rose possède comme elle *la grâce, plus belle encore que la beauté.*

Anacréon, le poëte des amours, a célébré la rose, et, pour la bien louer, il ne faut qu'emprunter ses chants.

> Des fleurs je chante la plus belle,
> La rose, trésor du printemps ;
> Thaïs, à ma chanson nouvelle
> Viens mêler tes aimables chants.
> Des humains la foule charmée
> Admire ce don précieux,
> Et la pure haleine des dieux
> De ses parfums est embaumée.
> Dans la saison chère aux Amours,
> Des Grâces la troupe riante,
> Pour en composer ses atours,
> Va cueillir la rose naissante ;

Vénus, empruntant ses couleurs,
En paraît encor plus charmante.
La rose est chère aux doctes Sœurs,
Et le poëte heureux la chante ;
Dans le buisson, pour la saisir,
La main glisse et brave l'épine ;
Qu'il est doux alors de cueillir
De l'Amour la fleur purpurine,
Et dans un ravissant loisir
D'en savourer l'odeur divine !
Des festins la rose est l'honneur,
Et dans ces jours où le buveur
Livre à Bacchus son âme entière,
Pour lui moins douce est la lumière
Que ne l'est cette aimable fleur.
Sans la rose que peut-on faire ?
Des sages qu'Apollon préfère
Lisez les vers harmonieux ;
Elle teint les doigts de l'Aurore ;
Des nymphes le bras gracieux
Lui doit l'éclat qui le décore,
Et des plus tendres de ses feux
Vénus entière se colore.
Dans nos maux sa vertu souvent
Fut utile au dieu d'Épidaure,
Et ses guirlandes sont encore
Des morts le dernier ornement.
Bien que le temps lui fasse outrage,
La rose orne encor le bocage,
Et, jusqu'à son dernier moment,
A les parfums de son jeune âge.
Me faut-il raconter comment
La terre fit ce bel ouvrage ?
Alors que, glissant sur les flots,
Sortit du sein de l'onde émue
La belle reine de Paphos,
Cypris, rougissant d'être nue ;

Quand, du cerveau du roi des cieux,
Terrible et respirant la guerre,
S'élança la déesse altière
Dont l'aspect fit trembler les dieux ;
Cybèle, à ce double prodige,
N'opposa pour charmer les yeux,
Qu'un bouton et sa jeune tige.
L'Olympe en la voyant sourit,
Et sur la plante répandit
Du nectar la douce rosée ;
Des parfums du ciel arrosée,
Soudain, fraîche et majestueuse,
Parut, sur la branche épineuse
La rose que Bacchus chérit[17].

UNE FEUILLE DE ROSE
Jamais je n'importune.

Il y avait à Amadan une académie dont les statuts étaient conçus en ces termes : « Les académiciens penseront beaucoup, écriront peu, et parleront le moins possible. » Le docteur Zeb, fameux dans tout l'Orient, apprit qu'il vaquait une place à cette académie : il accourt pour l'obtenir ; malheureusement il arriva trop tard. L'académie fut désolée : elle venait d'accorder à la puissance ce qui appartenait au mérite. Le président, ne sachant comment exprimer un tel refus, qui faisait rougir l'assemblée, se fit apporter une coupe qu'il remplit d'eau si exactement, qu'une goutte de

17. *Anacréon*, traduction de M. de Saint-Victor.

plus l'eût fait déborder. Le savant solliciteur comprit, par cet emblème, qu'il n'y avait plus de place pour lui. Il se retirait tristement, lorsqu'il aperçut une feuille de rose à ses pieds. A cette vue, il reprend courage ; il prend la feuille de rose et la pose si délicatement sur l'eau que renfermait la coupe, qu'il ne s'en échappa pas une seule goutte. A ce trait ingénieux, tout le monde battit des mains, et le docteur fut reçu, par acclamation, au nombre des silencieux académiciens.

Rose cent-feuilles

ORIGINE DES ROSIÈRES

UNE COURONNE DE ROSES
Récompense de la vertu.

Saint Médard, évêque de Noyon, né à Salency, d'une illustre famille, institua, aux lieux de sa naissance, le prix le plus touchant que la tendre piété ait jamais offert à la vertu. Ce prix est une simple couronne de roses ; mais, pour l'obtenir, il faut que toutes vos rivales, toutes les filles du village, vous reconnaissent pour la plus soumise, la plus modeste et la plus sage. La sœur même de saint Médard fut nommée, en 532, d'une commune voix, première rosière de Salency : elle reçut sa couronne des mains du fondateur, et elle la légua, avec l'exemple de ses vertus, aux compagnes de son enfance. Les siècles, qui ont renversé tant d'empires, qui ont brisé le sceptre de tant de rois, ont respecté la couronne de Salency : elle a passé de protecteurs en protecteurs sur le front de l'innocence ; puisse-t-elle la couronner toujours, et mériter le bonheur à toutes celles qui l'obtiendront ! Lorsque M. de Fontanes chantait les vergers et n'était que poëte, il a dit :

Hélas ! belle rosière,
D'autres amis des mœurs doteront la chaumière ;
Mes présents ne sont point une ferme, un troupeau,
Mais je puis d'une rose embellir ton chapeau.

ROSE MOUSSEUSE
Amour, volupté.

En voyant la rose mousseuse avec ses épines sans aiguillon et son calice environné d'une molle et douce verdure, on dirait-que la volupté a voulu disputer cette belle fleur à l'amour. Madame de Genlis assure qu'à son retour d'Angleterre ce fut chez elle que tout Paris vint admirer le premier rosier de cette espèce. Alors madame de Genlis était déjà célèbre, et le rosier n'était sans doute que le prétexte de la foule qui se pressait autour d'elle : la modestie peut seule l'induire en erreur ; car ce rosier, qui est originaire de Provence, nous est connu depuis plusieurs siècles.

UN BOUQUET DE ROSES OUVERTES
Faites du bien.

Ces belles fleurs semblent inviter les grands à faire du bien : la reconnaissance est plus douce que leur parfum, et la saison de la puissance est souvent plus courte que celle de leur beauté.

UNE ROSE BLANCHE ET UNE ROSE ROUGE
Souffrances d'amour.

Le poëte Bonnefons envoya à l'objet de ses amours deux roses, l'une blanche et l'autre du plus vif incarnat : la blanche, pour imiter la pâleur de son teint, et l'incarnat pour peindre les feux de son cœur ; il avait joint à son bouquet ces quatre vers :

> Pour toi, Daphné, ces fleurs viennent d'éclore ;
> Vois, l'une est blanche, et l'autre se colore
> D'un vif éclat : l'une peint ma pâleur,
> L'autre mes feux ; toutes deux mon malheur.

UN ROSIER AU MILIEU D'UNE TOUFFE DE GAZON
Il y a tout à gagner avec la bonne compagnie.

« Un jour, dit le poëte Sadi, je vis un rosier environné d'une touffe de gazon. Quoi ! m'écriai-je, cette vile plante est-elle faite pour se trouver dans la compagnie des roses ? Et je voulus arracher le gazon, lorsqu'il me dit humblement : Épargnez-moi : je ne suis pas la rose, il est vrai ; mais, à mon parfum, on connaît au moins que j'ai vécu avec des roses. »

DE LA PHILOSOPHIE DES ROSES

Pour orner les leçons de la sagesse, souvent les Muses ont emprunté une rose aux Amours. Ces belles fleurs, emblèmes du plaisir, marquent aussi sa courte durée.

On peut dire de la beauté ce que Malherbe disait d'un jeune enfant :

> Elle était de ce monde où les plus belles choses
> Ont le pire destin ;
> Et, rose, elle a vécu ce que vivent les roses,
> L'espace d'un matin.

Le célèbre roman de la *Rose*, qui fit les délices de la cour de Philippe le Bel, semble n'avoir été écrit que pour nous apprendre combien il est dangereux d'écouter un séducteur.

Un amant passionné qui s'inquiète, s'agite pour devenir possesseur d'une rose, voilà le sujet du livre. Mais cet amant si tendre, qui ne trouve rien d'égal à la rose qu'il adore, n'a pas plutôt joui de son doux parfum, qu'il la néglige et l'abandonne.

Ce roman versifié fut composé en 1260 par Guillaume de Lorris, et terminé quarante ans après par Jean de Meung.

Aimable rose ! au lever de l'aurore
Un essaim de zéphyrs badine autour de toi ;
　　　　Chacun d'eux jure qu'il t'adore,
　　　Chacun te promet une éternelle foi
　　　Mais le soleil, en se couchant dans l'onde,
Voit à leur tendre soin succéder le mépris :
　　　　La troupe ingrate et vagabonde
Déserte sans scrupule avec ton coloris[18].

Aimable fleur à peine éclose,
Défiez-vous de Cupidon :
Il regrettera le bouton
Quand il aura fané la rose[19].

La pudeur doit défendre la beauté comme l'épine défend la rose[20].

Jeune Églé, veux-tu de la rose
Conserver longtemps la fraîcheur ?
Songe qu'à cette fleur si tendre
La nature sut attacher
Une feuille pour la cacher,
Une épine pour la défendre[21].

Le vieillard qui parle d'amour à une jeune fille est comme le vent d'automne qui flétrit la rose sans l'épanouir (P.).

Jeune fille est le bouton frais
De la rose prête d'éclore ;
Ce bouton est si cher à Flore,

18. Les *Amours de Leucippe*.
19. Hoffmann.
20. V.J. Rosati.
21. Constant Dubos.

Qu'une épine en défend l'accès.
L'aiguillon perce, il assassine
Le vieillard qui le vient cueillir ;
Qu'un jeune amant vienne s'offrir.
Le bouton s'ouvre, et plus d'épine[22].

Vous, dont la gloire est d'être belle,
D'un sexe aimable jeune fleur,
Prenez la rose pour modèle,
Son éclat naît de sa pudeur.

Cet ornement de la nature
Se cache sous un arbrisseau,
Et, pour garder sa beauté pure,
Arme d'épines son berceau.

Riche des présents de l'aurore,
Tant qu'elle fuit le Dieu du jour,
Moins on la voit, plus on l'honore :
La sagesse enflamme l'amour[23].

Roses, en qui je vois paraître
Un éclat si vif et si doux,
Vous mourrez bientôt ; mais peut-être
Dois-je mourir plus tôt que vous :
La mort, que mon âme redoute,
Peut m'arriver incessamment.
Vous mourrez en un jour sans doute,
Et moi peut-être en un moment[24].

Smindride, de la ville de Sybaris, disait que le pli d'une feuille de rose l'avait empêché de dormir. C'est pourquoi

22. Guillemain.
23. De Leyre.
24. L'abbé de la Chassaigne.

le philosophe Aristippe, respirant un jour le parfum d'une rose, s'écriait : « Maudits soient les efféminés qui ont fait décrier de si douces sensations ! »

Objet d'amour et de philosophie, dit Bernardin de Saint-Pierre, voyez la rose, lorsque, sortant des fentes d'un rocher humide, elle brille sur sa propre verdure, que le zéphyr la balance sur sa tige hérissée d'épines, que l'aurore l'a couverte de pleurs, et qu'elle appelle, par son éclat et ses parfums, la main des amants. Quelquefois une cantharide, nichée dans sa corolle, en relève le carmin par son vert d'émeraude ; c'est alors que cette fleur semble nous dire que, symbole du plaisir par son charme et sa rapidité, elle porte comme lui le danger autour d'elle, et le repentir dans son sein.

JASMIN BLANC. **GIROFLÉE ROUGE.**

Amabilité. *Beauté durable.*

Vous êtes aimable et belle.

JUILLET

ARMOISE[25]
Bonheur.

imable fleur, je n'ai point oublié que tu protégeas mon enfance ; je n'ai point oublié ces temps heureux où ma bonne gouvernante venait, la veille de la Saint-Jean, parer, en secret, mes blonds cheveux d'une couronne d'armoise. En m'embrassant elle me disait : « Chère enfant, te voilà préservée, par mes soins de tous malheurs, de toutes souffrances, des malins esprits et de la méchanceté des hommes. » Je répondais par de tendres caresses à ses soins empressés ; mon jeune cœur s'ouvrait à la confiance ; les esprits et les méchants étaient pour moi la même chose ; j'en

25. Passerat.

avais peur sans y croire. Ah ! que ne puis-je encore, parée d'une guirlande de fleurs, opposer une innocente superstition aux douleurs de la vie !

Qu'on ne pense pas toutefois que l'armoise soit une plante sans réputation, sans vertu : je veux, pour son honneur, rapporter ici ce qu'en dit Pline dans la traduction naïve de notre vieil Antoine du Pinet :

« La gloire d'imposer les noms aux herbes n'a pas seulement appartenu aux hommes, elle est aussi venue jusqu'à enflammer le cerveau des femmes, qui en ont voulu avoir leur part ; car la royne Artemisia, femme du riche Mausolus, roy de Carie, fit tant par son industrie, qu'elle baptisa de son nom l'armoise, qui, auparavant, étoit appelée *parthenis*. Toutefois il y en a qui tiennent ce nom d'*artemisia* avoir été imposé à l'armoise, à raison de la déesse Artemis Ilithye[26], parce que cette herbe est particulièrement bonne aux femmes. » Effectivement Hippocrate, Dioscoride, Galien, Zacutus Lusitanus, et de nos jours un savant professeur[27], ainsi que le célèbre Alibert, ont tour à tour préconisé les qualités de l'armoise.

Aimable plante, lorsque, pleine de confiance en tes vertus surnaturelles, je me croyais préservée par toi de toute espèce de maux, j'ignorais qu'une grande reine avait autrefois disputé à une déesse la gloire de te faire porter son nom. J'ignorais que les savants de l'antiquité et les doctes de nos jours se

26. Diane.
27. Gilibert.

fussent occupés de tes vertus salutaires ; mais cette vaine érudition n'a rien ajouté à ma reconnaissance. Si parfois, égarée dans la campagne, je te rencontre, mon cœur bat, mes yeux se mouillent de larmes ; je songe aussitôt à mon heureuse enfance, aux feux de la Saint-Jean, à ma pauvre bonne, aux chaînes de fleurs auxquelles elle suspendait mes jeunes destinées. Doux souvenirs, vous embellirez toujours ma vie. Salut, charmante armoise, je te dois encore un instant de bonheur.

JASMIN BLANC COMMUN
Amabilité.

Il y a des personnes douées d'un si heureux caractère qu'elles semblent être jetées dans le monde pour être le lien des sociétés : elles ont, dans les manières, tant de facilité et de grâces, qu'elles supportent toutes les positions, s'accommodent à tous les goûts, et font valoir tous les esprits ; elles sont si obligeantes, que toujours elles s'intéressent à ce que vous dites, s'oublient pour vous servir, se taisent pour vous entendre ; elles ne flattent personne, n'affectent rien, n'offensent jamais : leur mérite est un don du ciel, comme celui d'un joli visage ; elles plaisent, en un mot, parce que la nature les a faites aimables.

Le jasmin semble avoir été créé tout exprès pour être l'heureux emblème de l'amabilité. Lorsque, vers 1560, il fut apporté des Indes par des navigateurs espagnols, on admira la légèreté de ses rameaux, le lustre délicat de ses fleurs étoilées ; et on crut que, pour conserver une plante si élégante et si mignonne, il fallait la mettre en serre chaude ; elle parut s'en accommoder : on l'essaya en orangerie, elle y crut à merveille ; on la risqua en pleine terre, où maintenant, sans demander aucun soin, elle brave nos plus rigoureux hivers. Partout on voit l'aimable jasmin diriger à notre gré ses rameaux souples et faciles ; il les étend en palissades, les arrondit en tonnelles, les jette en buissons, les élève en massifs, et souvent les déploie en verts tapis le long de nos terrasses et de nos murailles. D'autres fois encore, obéissant aux caprices et aux ciseaux du jardinier, il élève, sur une faible tige, une tête arrondie, semblable à celle d'un jeune oranger ; sous toutes ces formes, il nous prodigue des moissons de fleurs qui embaument, rafraîchissent et purifient l'air de nos bosquets : ces fleurs délicates et charmantes offrent au léger papillon des coupes dignes de lui, et à nos diligentes abeilles un miel exquis, abondant et parfumé. Le berger amoureux unit le jasmin aux roses pour parer le sein de sa bergère ; et souvent ce simple bouquet, tressé en guirlande, couronne le front des reines. On raconte qu'avant d'arriver en France le jasmin séjourna en Italie : un duc de Toscane en fut le premier possesseur ; tourmenté d'une jalouse envie, ce duc bizarre voulut jouir seul d'un bien si charmant ; il défendit à son jardinier d'en donner une seule tige, une seule fleur. Le jardinier aurait été fidèle s'il n'avait connu l'amour ; mais, le jour de la fête de sa maîtresse, il lui présenta un bouquet ; et, pour rendre ce bouquet plus précieux, il l'orna d'une branche de jasmin. La jeune fille, pour conserver la fraîcheur de cette fleur étrangère, la mit dans la terre fraîche ; la branche resta verte toute l'année, et le printemps suivant on la vit croître et se couvrir de fleurs. La jeune fille avait reçu des leçons de son amant ; elle cultiva son jasmin ; il se multiplia sous ses mains habiles. Elle était pauvre, son amant n'était pas riche : une mère prévoyante refusait d'unir leur misère ; mais l'amour venait de faire un miracle pour eux, la jeune fille sut en profiter : elle vendit ses jasmins, et les vendit si bien, qu'elle amassa un petit trésor dont elle enrichit son amant. Les filles de la Toscane, pour conserver le souvenir de cette aventure, portent toutes, le jour de leurs noces, un bouquet de jasmin ; et elles ont un proverbe qui dit qu'une jeune fille digne de porter ce bouquet est assez riche pour faire la fortune de son mari. Pour moi, j'aime à penser que tous nos jasmins français descendent de celui qui fut heureusement cultivé par les mains de l'amour.

ŒILLET DES FLEURISTES
Amour vif et pur.

Aimable œillet, c'est ton haleine
Qui charme et pénètre mes sens :
C'est toi qui verses dans la plaine
Ces parfums doux et ravissants.
Les esprits embaumés qu'exhale
La rose fraîche et matinale

Pour moi sont moins délicieux,
Et ton odeur suave et pure
Est un encens que la nature
Élève en tribut vers les cieux[28].

L'œillet primitif est simple, rouge et parfumé. La culture a doublé ses pétales et varié ses couleurs à l'infini. Ces belles fleurs se peignent de mille nuances, depuis le rose tendre jusqu'au blanc parfait, et depuis le rouge foncé jusqu'à l'éclatante couleur de feu. On voit aussi sur la même fleur deux de ces couleurs qui se heurtent, s'opposent et se confondent. Le blanc pur est piqué de cramoisi, et le rose se panache d'un rouge vif et brillant. Aussi voit-on communément ces belles fleurs marbrées, tigrées, et d'autres fois brusquement tranchées, de façon que l'œil séduit croit apercevoir dans le même calice une fleur de pourpre et une fleur d'albâtre. Presque aussi varié de formes que de couleurs, l'œillet épanouit ses beaux fleurons en houppe, en cocarde, en pompon, et d'autres fois encore il affecte la forme et la couleur de la rose ; mais toujours il conserve son délicieux parfum, et il tend sans cesse à quitter sa parure étrangère pour reprendre ses simples atours. Car la main du jardinier, qui peut doubler, tripler, bigarrer et varier sa parure, ne saurait la rendre constante. Ainsi la nature a déposé dans nos cœurs le germe le plus délicieux des sentiments. L'art et la société, en développant, en cultivant ce germe, l'embellissent, l'affaiblissent ou l'exaltent. Cent causes réunies peuvent en rendre les effets

28. Les *Fleurs*, idylles, par M. Constant Dubos.

Pensée, Verveine, Bleuet

inconstants et variables ; mais, malgré les caprices, les erreurs et les jeux incompréhensibles du cœur humain, la nature ramène toujours l'amour au but qu'elle lui a prescrit. La Rochefoucauld a dit : « Il en est du véritable amour comme de l'apparition des esprits, tout le monde en parle, mais peu de gens en ont vu. » Qu'entend cet affligeant moraliste par véritable amour ? Veut-il donc nous faire croire que le véritable amour est une chimère ? Non, l'amour véritable vit dans tous les cœurs ; mais

> J'ai vu l'amour pourtrait en divers lieux ;
> L'un le peint vieil, cruel et furieux ;
> L'autre plus doux, enfant, aveugle, nu ;
> Chacun le tient pour tel qu'il l'a connu
> Par ses bienfaits ou par sa forfaiture.
> Pour mieux au vrai définir sa nature,
> C'est que chacun varie en son cerveau
> Un Dieu d'amour pour lui propre et nouveau.
> Et qu'il y a dans les entendemens
> D'amours autant que de sortes d'amans[29].

C'est le bon René d'Anjou, ce Henri IV de la Provence, qui, le premier, a enrichi nos jardins de l'œillet et de la rose rouge ; nous lui devons aussi le raisin muscat. Ce roi, qui cultivait les jardins, la peinture et les lettres, est auteur d'un ouvrage très-rare et très-aimable, qui a pour titre : *Queste de très-douce merci au cœur d'amour.*

29. Antoine Heroet.

VERVEINE
Enchantement.

Je voudrais que nos botanistes attachassent une idée morale à toutes les plantes qu'ils décrivent : ils formeraient ainsi une sorte de dictionnaire universel, entendu de tous les peuples, et durable comme le monde, puisque chaque printemps le fait renaître, sans jamais en altérer les caractères. Les autels du grand Jupiter sont renversés ; les forêts témoins des mystères des druides n'existent plus ; les pyramides de l'Égypte disparaîtront un jour, ensevelies comme le Sphinx sous les sables du désert ; mais toujours le lotus et l'acanthe fleuriront sur les bords du Nil, toujours le gui croîtra sur le chêne, et la verveine sur les collines arides.

La verveine servait chez les anciens à diverses sortes de divinations ; on lui attribuait mille propriétés, entre autres celle de réconcilier les ennemis ; et, toutes les fois que les Romains envoyaient des hérauts d'armes porter chez les nations la paix ou la guerre, l'un d'eux était porteur de verveine. Les druides avaient pour cette plante la plus grande vénération ; avant de la cueillir, ils faisaient un sacrifice à la Terre.

C'est ainsi que les mages, en adorant le soleil, tenaient dans leurs mains des branches de verveine. Vénus victorieuse portait une couronne de myrte entrelacée de verveine, et les Allemands donnent encore aujourd'hui un chapeau de verveine aux nouvelles mariées, comme pour les mettre sous la protection de cette déesse[30]. Dans le nord de nos provinces, les bergers recueillent cette plante sacrée avec des cérémonies et des paroles connues d'eux seuls. Ils en expriment les sucs à certaines phases de la lune. On les voit, docteurs et sorciers de village, guérir tour à tour leurs maîtres et s'en faire redouter ; car, s'ils savent calmer leurs maux, ils peuvent, par les mêmes moyens, jeter des sorts sur leurs troupeaux et sur le cœur des jeunes filles. On assure que la verveine leur donne cette dernière puissance, surtout quand ils sont jeunes et beaux. Ainsi on voit que la verveine est encore chez nous, comme elle le fut chez les anciens, l'herbe des enchantements.

IVRAIE
Vice.

L'ivraie est l'emblème du vice ; sa tige ressemble à celle du froment ; elle croît avec les plus belles moissons. La main du cultivateur sage et habile arrache cette mauvaise herbe avec précaution pour ne pas la confondre avec le bon grain. Ainsi un sage instituteur doit employer la patience pour déraciner les mauvais penchants qui naissent dans un jeune cœur. Mais il doit craindre d'étouffer les germes de la vertu, en croyant déraciner ceux du vice. La mère de Duguesclin se plaignait de voir son fils rentrer chaque jour au château, souillé de

---

30. Les *Sérées*, de Bouchet, t. I, p. 180 *bis*

poussière et couvert de blessures ; un matin. comme elle se préparait à le punir, une bonne religieuse, ayant considéré l'enfant, dit : « Gardez-vous bien de le punir, car il viendra un temps où les défauts dont vous vous plaignez feront la gloire de sa famille et le salut de son pays. » Pour une mère qui se trompe ainsi, combien d'autres s'empressent de cultiver l'ivraie dans le cœur de leurs enfants et ne s'aperçoivent qu'elle y a pris racine qu'au temps de la moisson !

GUIMAUVE
Bienfaisance.

Emblème de la bienfaisance, la guimauve est l'amie du pauvre. Elle croît naturellement le long du ruisseau qui le désaltère, et autour de la cabane qu'il habite ; mais elle se prête à la culture, et on voit quelquefois ses tiges modestes se mêler aux fleurs de nos jardins. Elle n'a ni amertume ni rudesse, son aspect est agréable et doux ; ses fleurs, d'un rose charmant, s'harmonient avec ses feuilles et ses tiges, qui, comme elles, sont recouvertes d'un duvet argenté et soyeux. Elle flatte également par sa douceur et l'œil qui la regarde et la main qui la touche. Ses fleurs, ses tiges, ses feuilles et sa racine, tout en elle est bienfaisant. On compose de ses différents sucs des sirops, des pastilles et des pâtes aussi excellentes au goût que favorables à la santé. Le voyageur égaré a quelquefois trouvé dans sa racine un aliment sain et substantiel. Il ne faut que regarder à ses pieds pour trouver dans toute la nature des preuves d'amour et de prévoyance. Mais cette tendre mère a souvent caché, dans les plantes comme dans les hommes, les plus grandes vertus sous la plus modeste apparence.

ADONIDE
Douloureux souvenirs.

Je n'ai jamais chanté que l'ombrage des bois,
Flore, Écho, les zéphyrs et leurs molles haleines,
Le vert tapis des prés et l'argent des fontaines.
C'est parmi les forêts qu'a vécu mon héros ;
C'est dans les bois qu'Amour a troublé son repos.
Ma muse en sa faveur de myrte s'est parée :
J'ai voulu célébrer l'amant de Cythérée,
Adonis, dont la vie eut des termes si courts,
Qui fut pleuré des Ris, qui fut plaint des Amours[31].

Adonis fut tué par un sanglier. Vénus, qui avait quitté pour lui les délices de Cythère, versa des larmes sur son sort ; elles ne furent point perdues : la terre les reçut et produisit aussitôt une plante légère qui se couvrait de fleurs semblables à des gouttes de sang. Fleurs brillantes et passagères, trop fidèles emblèmes des plaisirs de la vie, vous fûtes consacrées par la beauté même aux douloureux souvenirs !

---

31. La Fontaine, *Adonis*, poëme.

ACACIA-ROBINIER
Amour platonique.

Les sauvages de l'Amérique ont consacré l'acacia au génie des chastes amours ; leurs arcs sont faits du bois incorruptible de cet arbre, leurs flèches sont armées d'une de ses épines. Ces fiers enfants du désert, que rien ne peut soumettre, conçoivent un sentiment plein de délicatesse ; peut-être ne savent-ils pas l'exprimer par des paroles, mais ils en trouvent l'expression dans une branche d'acacia fleuri. La jeune sauvage, comme la coquette des cités, entend ce langage séducteur et elle reçoit, en rougissant, l'hommage de celui qui a su la toucher par le respect et par l'amour.

Il n'y a guère plus d'un siècle que les forêts du Canada nous ont cédé ce bel arbre. Le botaniste Robin, qui nous l'apporta le premier, lui donna son nom. L'acacia, en déployant dans nos bocages son ombre légère, ses fleurs odorantes et sa douce et fraîche verdure, semble y prolonger le printemps. Le rossignol aime à confier son nid à ce nouvel habitant de nos climats : l'aimable oiseau, comme rassuré par les longues et fortes épines qui protégent sa famille, descend quelquefois sur les dernières branches de l'arbre, pour faire entendre de plus près ses ravissants concerts.

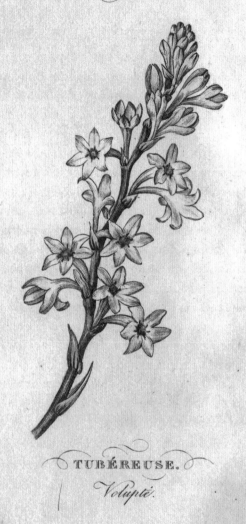

TUBÉREUSE.

Volupté.

AOÛT

LIS COMMUN
Majesté.

Il est le roi des fleurs dont la rose est la reine[32].

u milieu d'une touffe de longues feuilles, qui, en se développant, se renversent et se pressent les unes sur les autres, comme pour former un trône circulaire de verdure, on voit s'élancer une tige élégante et superbe, qui se termine par une grappe de longs boutons d'un vert doux et luisant. Le temps insensiblement gonfle et blanchit les boutons de cette belle grappe, et, vers le milieu de juin, ils s'inclinent et se déploient en six pétales d'une

32. Boisjolin.

blancheur étincelante. Leur réunion forme ces vases admirables, où la nature s'est plu à renfermer des étamines d'or, qui versent des flots de parfums. Ces belles fleurs, à demi inclinées autour de leur haute tige, semblent demander et obtenir les hommages de toute la nature ; mais le lis, malgré ses charmes, a besoin d'une cour pour paraître dans tout son éclat. Seul, il semble froid et comme délaissé ; environné de mille autres fleurs, il les efface toutes : c'est un roi ; sa grâce, c'est la majesté.

On ne trouve nulle part chez nous le lis primitif ; il nous vient de la Syrie ; jadis il para les autels du dieu d'Israël et couronna le front de Salomon ; mais il règne dans nos jardins depuis un temps immémorial. Charlemagne voulait qu'il partageât, avec la rose, la gloire de parfumer ses jardins, et, s'il faut en croire les antiques récits de nos aïeux, le vaillant Clovis reçut un lis céleste le jour où la victoire et la foi lui furent données. Louis VII, dans les fleurs du lis, trouvait le triple symbole de sa beauté, de son nom et de sa puissance ; il les plaça sur son écu, sur son sceau et sur sa monnaie. Philippe Auguste en sema son étendard. Saint Louis portait une bague représentant, en émail et en relief, une guirlande de lis et de marguerites, et sur le chaton de l'anneau était gravé un crucifix avec ces mots : *Hors cet annel pourrions-nous trouver amour ?* parce qu'en effet cet anneau offrait à ce monarque pieux l'emblème de tout ce qu'il avait de plus cher : la religion, la France et son épouse. Ce fut aussi une idée religieuse qui engagea Charles V à fixer à trois le nombre des fleurs de lis ; depuis son règne, ce nombre n'a plus varié ; mais, si le lis céleste brilla depuis Clovis sur le manteau et sur l'écusson de nos rois, il donna aussi sa couleur à l'étendard de nos guerriers. Le panache de Henri IV, qui conduisit toujours les Français à la victoire, était blanc comme un lis : il était l'image d'une âme pure et d'une gloire sans tache.

GIROFLÉE DES JARDINS
Beauté durable.

Les Grecs, qui chérissaient les fleurs, ignorèrent toujours l'art de les cultiver et de les embellir ; ils les cultivaient dans les champs et les recevaient simples des mains de la nature. On vit les Romains prendre, avec les arts de la Grèce, le goût des fleurs, et même une passion si vive pour les couronnes, qu'on fut obligé d'en défendre l'usage aux particuliers. Ces maîtres du monde ne cultivèrent que les violettes et les roses, et des champs entiers, couverts de ces fleurs, empiétèrent bientôt sur les droits de Cérès. Les braves Gaulois ignorèrent longtemps toute espèce de délices : leurs mains guerrières dédaignaient même le soc de la charrue. Chez eux, le jardin, domaine de la mère de famille, ne contenait que des plantes aromatiques et des plantes potagères. Mais enfin les mœurs s'adoucirent, et Charlemagne, qui fut la terreur du monde et le père de son peuple, aima les fleurs. Dans un de ses capitulaires, il recommande la culture des lis, des roses et des giroflées. Les fleurs étrangères ne s'introduisirent chez nous qu'au treizième siècle. Au temps des croisades, nos guerriers en apportèrent plusieurs espèces nouvelles de l'Égypte et de la Syrie. Les moines, alors seuls habiles cultivateurs, en prirent soin. Elles firent d'abord le charme de leurs paisibles retraites ; puis ils les répandirent dans nos parterres : elles devinrent la joie des festins et le luxe des châteaux. Cependant la rose est encore restée la reine des bosquets, et le lis le roi des vallées. La rose, il est vrai, dure peu, et le lis, qui fleurit plus tard, passe presque aussi vite. La giroflée, moins gracieuse que la rose, moins superbe que le lis, a un éclat plus durable ; constante dans ses bienfaits, elle nous offre toute l'année ses belles fleurs rouges et pyramidales, qui répandent sans cesse une odeur qui charme les sens. Les plus belles giroflées sont rouges ; elles ont donné leur nom à la couleur qui les pare, couleur qui le dispute en éclat à la pourpre de Tyr. On voit aussi des giroflées blanches qui sont très-belles ; on en voit de violettes et de panachées, qui ne sont point sans agréments ; mais, depuis que l'Amérique, l'Asie et l'Afrique nous envoient leurs brillants tributs, nous avons négligé la giroflée, cette fille de nos climats, si chère à nos bons aïeux. Cependant j'ai vu en Allemagne des effets surprenants dont cette belle fleur avait toute la gloire. Dans un antique château, près de Luxembourg, on avait disposé, le long d'une immense terrasse, quatre rangs de vases du plus beau blanc et d'une forme agréable, quoique d'une faïence solide et grossière ; ces vases, rangés en amphithéâtre des deux côtés de la terrasse, étaient tous couronnés des plus belles giroflées rouges. Je puis assurer que je n'ai jamais rien vu d'égal à cette charmante et rustique décoration. Vers le coucher du soleil surtout, on aurait dit que de vives flammes sortaient du centre de ces vases blancs comme neige et brillaient à perte de vue sur des touffes de verdure. Alors une odeur balsamique et bienfaisante parfumait tous les environs. Les femmes les plus délicates, loin de s'en trouver fatiguées, en étaient réjouies et fortifiées. Cette belle fleur s'élève donc, dans nos parterres, comme une beauté vive et fraîche qui verse la santé autour d'elle ; la santé, ce premier des biens, sans lequel il n'y a ni bonheur ni *beauté durable*.

BLÉ
Richesse.

Les botanistes assurent qu'on ne trouve nulle part le blé dans son état primitif. Cette plante semble avoir été confiée, par la Providence, aux soins de l'homme, avec l'usage du feu, pour lui assurer le sceptre de la terre. Avec le blé et le feu, on peut se passer de tous les autres biens, on peut aussi les acquérir. L'homme, avec le blé seul, peut nourrir tous les animaux domestiques qui soutiennent sa vie et partagent ses travaux : le porc, la poule, le canard, le pigeon, l'âne, la brebis, la chèvre, le cheval, la vache, le chat et le chien, qui, par une métamorphose merveilleuse, lui rendent, en retour, des œufs, du lait, du lard, de la laine, des services, des affections et de la reconnaissance. Le blé est le premier lien des sociétés, parce que sa culture et ses préparations exigent de grands travaux et des services mutuels ; aussi les anciens avaient-ils appelé la bonne Cérès législatrice.

Un Arabe égaré dans le désert n'avait pas mangé depuis deux jours ; il se voyait menacé de mourir de faim. En passant près d'un puits, où les caravanes s'arrêtent, il aperçoit sur le sable un petit sac de cuir ; il le ramasse : « Dieu soit béni ! dit-il, c'est, je crois, un peu de farine. » Il se hâte d'ouvrir le sac ; mais, à la vue de ce qu'il contenait, il s'écrie : « Que je suis malheureux ! ce n'est que de la poudre d'or[33] ! »

UN BOUQUET DE DAHLIAS
Ma reconnaissance surpasse vos soins.

Cette plante vient du Mexique, où l'on mange ses racines cuites sous la cendre. Dès le commencement du siècle dernier, on la cultivait en France comme plante alimentaire. Toutefois elle ne tarda pas à être rejetée à cause du goût trop aromatique de ses racines ; mais cette disgrâce fit sa fortune, car elle ne disparut de nos potagers que pour entrer dans nos jardins.

Frappés de l'abondance et de l'élévation de ses tiges, du charnu de son feuillage d'un vert sombre et doux, si propre à faire ressortir l'éclat de ses fleurs simples alors, mais toutes brillantes de leur disque d'or et de leurs pétales de velours violet et empourpré, les botanistes se mirent à la cultiver.

---

33. *Gulistan, ou l'Empire des roses*, de Sadi.

D'abord ils l'introduisirent dans la serre tempérée et lui prodiguèrent l'air, l'eau et une chaleur savamment ménagée. C'est ainsi qu'ils accoutumèrent peu à peu la plante à donner ses fleurs pendant huit mois de l'année, depuis le commencement de juillet jusqu'à la fin de février.

Mais, ô prodige ! bientôt on s'aperçut que non-seulement le dahlia reconnaissant variait ses couleurs à l'infini, mais encore qu'il doublait, triplait, quadruplait les pétales de sa couronne, en en variant toujours les nuances et les formes, de manière à emprunter tantôt à la rose son aspect, tantôt à l'œillet ses panaches, tantôt aux riches pivoines leur luxe et leur éclat.

Le cultivateur attentif reconnut aussi qu'il pouvait à son gré élever ou abréger les tiges de cette belle plante, les réduire à trois pieds de hauteur, ou les élancer jusqu'à dix, de manière à orner avec un égal avantage les massifs de nos corbeilles et les bosquets de nos jardins.

Mais qui dira jamais la variété infinie des couleurs sombres, riches, splendides, éblouissantes, dont se revêtent ces belles fleurs ? Qui jamais exprimera la variété charmante de leurs nuances délicates, pures et vives ? qui dira l'agrément qui résulte de toutes ces couleurs fondues, heurtées, variées à l'infini ? Quel luxe ! quelle richesse ! quels aimables caprices ! La robe blanche de celle-ci apparaît toute sablée de corail et de pourpre ; la robe pourpre de celle-là est bariolée d'or et d'argent ; il y en a sur les rayons desquelles se marie le blanc le plus pur, l'incarnat le plus foncé ; d'autres, dont les pétales sont lisérés des plus riches couleurs de l'aurore ;

d'autres dont le cœur lance des flammes ; quelques-unes ont les teintes carminées de la rose !

L'écharpe d'Iris pâlit auprès des riches guirlandes que l'art peut emprunter à une seule fleur, fleur si belle, qu'à elle seule elle varie et enrichit tout un parterre.

Ainsi le dahlia, venu du Mexique, s'est embelli par la culture sous le climat de Paris ; de là il s'est répandu en Hollande, où il forme ces plates-bandes si pittoresques composées d'une seule fleur. Puis il est entré dans les petits États d'Allemagne, dont il orne les places publiques, les fontaines et les tombeaux. Aujourd'hui on le trouve partout, en Prusse, en Danemark, en Suède, où son nom rappelle celui d'André Dahl, illustre botaniste dont cette fleur porte le nom.

En Angleterre, le dahlia est l'objet spécial d'un commerce très-lucratif. En Italie, ses belles touffes, un peu négligées, se mêlent à celles des plus nobles fleurs. En Russie, on en forme des parterres intérieurs qu'on aperçoit de la rue au travers de grandes glaces d'un pur cristal ; et cette vue lointaine donne quelquefois aux tristes hivers de ces tristes climats les apparences gracieuses du printemps.

Le dahlia est consacré à la reconnaissance ; s'il avait de doux parfums, il le serait à l'amour.

Anémone, Giroflée, Pied d'alouette

SOUCI DES JARDINS
Peine, chagrin.

J'ai vu dans une riche collection un joli petit tableau de madame Lebrun. Cette aimable artiste avait représenté le chagrin sous la forme d'un jeune homme pâle, languissant, dont la tête penchée semblait accablée sous le poids d'une guirlande de soucis. Tout le monde connaît cette fleur dorée, qui est l'emblème des peines de l'âme ; elle offre à l'observateur plusieurs singularités remarquables ; on la voit fleurir toute l'année ; c'est pourquoi les Romains l'appelaient fleur des calendes, c'est-à-dire de tous les mois. Ses fleurs ne sont ouvertes que depuis neuf heures du matin jusqu'à trois heures de l'après-midi ; cependant elles se tournent toujours vers le soleil et suivent son cours d'orient en occident. Pendant les mois de juillet et d'août, ces fleurs laissent échapper, durant la nuit, de petites étincelles lumineuses ; elles ont cela de commun avec la fleur de capucine et plusieurs autres de la même couleur.

On peut modifier de cent façons la triste signification du souci. Uni aux roses, il est le symbole des douces peines de l'amour ; seul, il exprime l'ennui ; tressé avec diverses fleurs, il représente la chaîne inconstante de la vie, toujours mêlée de biens et de maux ; en Orient, un bouquet de soucis et de pavots exprime cette pensée : « Je calmerai vos peines. » C'est surtout par des modifications semblables que le langage des fleurs devient l'interprète de tous nos sentiments.

Marguerite d'Orléans, aïeule maternelle d'Henri IV, avait pour devise un souci tournant son calice vers le soleil, et pour âme :

Je ne veux suivre que lui seul.

Cette vertueuse princesse entendait, par cette devise, que toutes ses pensées, toutes ses affections, se tournaient vers le ciel, comme la fleur du souci vers le soleil.

RÉSÉDA
Vos qualités surpassent vos charmes.

A peine un siècle s'est écoulé depuis que nous possédons le réséda ; il nous est venu d'Égypte. Linnée comparait ses parfums à ceux de l'ambroisie. Ce parfum est plus doux, plus pénétrant au lever et au coucher du soleil que pendant le reste du jour. Le réséda fleurit depuis le commencement du printemps jusqu'à la fin de l'automne ; mais on peut en jouir l'hiver, en le conservant dans une serre tempérée ; alors il devient ligneux, vit plusieurs années, s'élève, et forme, moyennant quelques soins, un petit arbuste du plus charmant effet.

Les armes d'une illustre famille saxonne ont pour soutien une branche de réséda. Voici à quelle occasion cette modeste fleur s'est mêlée à d'antiques lauriers. Amélie de Nordbourg avait dix-huit ans ; rien ne manquait à l'éclat de son teint, à son esprit, à son air ; son regard faisait naître l'amour ; le son de sa voix l'aurait seul inspiré. Une mère, jeune encore, avait cultivé dans la retraite cette aimable fleur. Lorsqu'elle reparut dans le monde pour y présenter sa fille, chacun fut forcé d'avouer que toutes deux se prêtaient des charmes mutuels : ceux de la fille disaient combien la mère avait été jolie, ceux de la mère promettaient que la fille serait long-temps belle. Une foule d'adorateurs entoura cette beauté qui plaisait également par ses grâces, ses richesses et sa modestie. Parmi tous ses amants, elle distingua le comte de Walstheim. Walstheim aimait pour la première fois. Une taille superbe, un esprit vif et orné, un air tout français et une fortune immense lui avaient plus d'une fois attiré des regards assez doux, qui n'avaient pu le toucher. Mais, en le voyant auprès d'Amélie, on sentait qu'il était né pour elle, qu'elle était née pour lui. L'envie avait beau envenimer les âmes, la jalousie elle-même était forcée d'admirer dans ces amants tout ce qu'il y a de divin sur la terre, la beauté, l'esprit, la jeunesse, environnés des illusions d'un premier amour. Mais, hélas ! sur la terre, il n'y a point de lumière qui n'ait son ombre. Parmi les perfections d'Amélie il s'était glissé un léger travers. Son cœur appartenait à son amant ; mais, en n'aimant que lui, elle voulait plaire à tous. Walstheim avait une faiblesse, il était jaloux ; une délicatesse exquise renfermait ce sentiment au fond de son âme ; Amélie sut l'y découvrir, et, au lieu de plaindre et de ménager un si funeste penchant, elle se plut à l'exciter et à en rire.

Auprès d'Amélie croissait une jeune fille qui lui était unie par l'amitié et par les liens du sang. Charlotte n'était point belle, si on peut parler ainsi de la femme qui a une belle âme. Elle était pauvre, un accident lui avait enlevé sa beauté, de grands malheurs lui avaient ôté sa fortune ; mais elle était bienfaisante, et, soit qu'elle fît du bien, qu'elle en imaginât ou qu'elle en parlât, elle redevenait jolie, son cœur s'émouvait et ses yeux brillaient d'un feu plein de douceur. Quand elle vit que sa cousine allait être heureuse, le contentement épanouit ses traits, et elle parut charmante, même auprès d'Amélie, même aux yeux de Walstheim. Souvent celui-ci avait aperçu la pauvre Charlotte entrant furtivement sous un rustique toit ; elle en sortait accompagnée de bénédictions ; les jeunes filles se montraient entre elles des robes que Charlotte avait filées pour les parer le jour du mariage de sa cousine ; le vieillard qu'elle avait consolé la bénissait, les mères aimaient à lui voir caresser leurs petits enfants. « C'est un ange, disaient les pauvres ; si elle était riche, nous serions tous heureux. » Souvent ce concert d'éloges avait retenti au cœur de Walstheim. Un soir, à la campagne, la société rassemblée chez la mère d'Amélie proposa une promenade ; Charlotte se fit attendre, Amélie prit de l'humeur. Le colonel Formose, plus célèbre encore auprès des belles qu'au champ d'honneur, arriva ; l'humeur d'Amélie disparut. On renonça à la promenade. Charlotte vint enfin, personne ne lui fit de reproches, car personne n'eut l'air de l'apercevoir. Walstheim, seul, en voyant une douce émotion répandue sur tous ses traits, se dit : « Elle vient de faire une bonne action. »

On fit des jeux, on proposa aux dames de choisir des fleurs, auxquelles Walstheim serait obligé de donner une signification. On accepte. Amélie prend une rose et la place sur son sein ; Charlotte choisit une branche de réséda. Pendant que Walstheim essaye quelques vers sur ces différents choix, les jeux continuent, et tout à coup il est condamné à embrasser les dames. D'abord il s'acquitte avec enjouement de cette douce pénitence ; mais, en approchant d'Amélie, il se trouble, il hésite, il pâlit, et, sans même oser feindre de lui donner un baiser, il se retire d'un air respectueux. Le colonel Formose sourit ; et, condamné presque aussitôt à la même pénitence, il s'approche d'Amélie en jetant un coup d'œil railleur sur Walstheim, et dit : « Et moi aussi, je serai discret : un baiser fanerait des joues si fraîches ; mais, comme tout bon soldat doit obéir à l'ordre, je donnerai le baiser qu'on exige à la fleur que mademoiselle a choisie. » Amélie défendit en riant son bouquet. Cependant les lèvres du présomptueux colonel effleurèrent la fleur et le plus beau sein du monde.

Walstheim le vit et il en trembla. Et, comme par hasard ses yeux se fixèrent sur Charlotte, il comprit, à son air interdit, qu'elle partageait son étonnement et sa colère.

Cependant on voulut voir ce que Walstheim avait écrit sur les fleurs. Il déchira ses premiers essais et traça ces mots sous une rose :

Elle ne vit qu'un jour et ne plaît qu'un moment.

Et, sous la branche de réséda de Charlotte, il écrivit ceux-ci :

Ses qualités surpassent ses charmes.

Amélie, après avoir lu, jeta sur Walstheim et sur sa cousine un regard dédaigneux, et continua de folâtrer avec le colonel. Comme Walstheim parut ne plus s'occuper d'elle, elle fit mille extravagances pour attirer son attention. Le colonel profita si habilement du jeu de la coquette, qu'il l'engagea, avant la fin de la soirée, à lui faire un demi-aveu de sa tendresse ; ce demi-aveu, il est vrai, fut prononcé si haut, que Walstheim put l'entendre ; mais, loin de s'en offenser, il complimenta Formose sur un triomphe si rapide, puis il pria agréablement Charlotte d'avoir pitié d'un malheureux. Charlotte, désolée, voulut rappeler sa cousine à elle-même par des regards suppliants ; mais la colère et le dépit s'unirent dans le cœur de cette jeune étourdie, et la précipitèrent dans les bras d'un fat, qui fit sa perte et son malheur.

La pauvre Charlotte devint ainsi, comme malgré elle, l'épouse du vertueux Walstheim ; elle pleura sur sa cousine ; mais le comte fut si heureux auprès d'elle, qu'il voulut consacrer à jamais l'instant de sa délivrance et de son bonheur, en joignant à ses armes une branche de réséda.

DATURA

Charmes trompeurs.

Souvent arrêtée par la mollesse, une indolente beauté languit tout le jour et se cache aux rayons du soleil. La nuit, brillante de coquetterie, elle se montre à ses amants. La lumière incertaine des bougies, complice de ses artifices, lui prête un éclat trompeur ; elle séduit, elle enchante. Cependant son cœur ne connaît plus l'amour, il lui faut des esclaves, des victimes. Jeune homme imprudent, fuyez à l'approche de cette enchanteresse ; pour aimer et pour plaire la nature suffit, l'art est inutile. Celle qui l'emploie est toujours perfide et dangereuse.

Les fleurs du datura, semblables à ces beautés nocturnes, languissent sous un feuillage sombre et fané, tant que le soleil nous éclaire. Mais, à l'entrée de la nuit, elles se raniment, déploient leurs charmes et étalent ces cloches immenses que la nature a revêtues de pourpre doublée d'ivoire, et auxquelles elle a confié un parfum qui attire, qui enivre, mais qui est si dangereux, qu'il asphyxie, même en plein air, ceux qui le respirent.

JASMIN DE VIRGINIE
Séparation.

Combien de ravissantes harmonies naissent de toutes parts de l'alliance des plantes avec les animaux ! Le papillon embellit la rose, le rossignol prête sa voix à nos bosquets, l'abeille, en butinant, anime la fleur qui lui cède un doux trésor. Ainsi, dans toute la nature, l'insecte est ordonné à la fleur, l'oiseau à l'arbre, le quadrupède à la plante. L'homme seul peut jouir de l'ensemble des choses, et lui seul aussi peut rompre la chaîne de consonance et d'amour par laquelle tout est lié dans l'univers. Sa main avide et imprudente veut-elle ravir un animal aux climats qui l'ont vu naître, ne songeant qu'à ses propres convenances, il oublie le plus souvent la plante qui aurait fait oublier à son nouvel esclave les douceurs de la patrie. Apporte-t-il la plante, il néglige l'insecte qui l'anime, l'oiseau qui l'embellit, et le quadrupède qui se nourrit de ses feuilles et se repose sous son ombrage. Voyez le jasmin de Virginie avec sa belle verdure et ses fleurs de pourpre, il reste toujours étranger parmi nous. Toujours nous lui préférons notre aimable chèvrefeuille, dont l'abeille vient sucer le miel, la chèvre brouter la verdure, et qui offre son fruit à des légions de merles, de fauvettes, de pinsons et de chardonnerets. Sans doute, le riche jasmin de Virginie balancerait tous ces avantages à nos yeux, si nous le voyions animé par l'oiseau-mouche de la Floride, qui, dans les vastes forêts du nouveau monde, préfère ce beau feuillage à tout autre abri. « Il fait son nid dans une de ses feuilles, qu'il roule en cornet ; il trouve sa vie dans ses fleurs rouges, semblables à celles de la digitale, dont il lèche les glandes nectarées ; il y enfonce son petit corps, qui paraît dans ses fleurs comme une émeraude enchâssée dans du corail, et il entre quelquefois si avant, qu'il s'y laisse prendre[34]. » Ce petit être est l'âme, la vie, le complément de la plante qu'il chérit ; séparée de cet hôte aérien, cette belle liane n'est plus qu'une veuve désolée qui a perdu tous ses charmes.

---

34. *Études de la nature*, t. I, p. 69.

PISSENLIT, OU DENT-DE-LION
Oracle.

Portez-vous vos pas dans la plaine, sur la pente des collines, ou sur le haut des montagnes, regardez à vos pieds, vous ne tarderez pas à y découvrir des rosaces de verdure toutes couvertes de fleurs dorées, ou de sphères légères et transparentes. Déjà vous reconnaissez cet ami de votre enfance ; c'est le pissenlit, c'est l'oracle des champs ; partout on peut le consulter. Les pissenlits, comme les enfants des hommes, sont généralement répandus sur le globe ; on les trouve dans les quatre parties du monde, sous le pôle et sous l'équateur, aux bords des eaux et sur les rochers arides ; partout ils se présentent à la main qui veut les cueillir, ou à l'œil qui veut les consulter ; leurs fleurs, qui se ferment et qui s'ouvrent à certaines heures, servent d'horloge au berger solitaire ; et ses houppes emplumées lui prédisent le calme ou l'orage :

Il lit au sein des fleurs, il voit sur leur feuillage
Les desseins de l'autan, l'approche de l'orage.

Mais ces boules légères servent encore à de plus doux usages. Vit-on loin de l'objet de sa tendresse, on détache avec précaution une de ces petites sphères transparentes ; on charge chacun des petits volants qui la composent d'une tendre pensée ; puis on se tourne vers les lieux habités par la bien-aimée, on souffle, et tous ces petits voyageurs, messagers fidèles, portent à ses pieds vos secrets hommages. Désiret-on savoir si cet objet si cher s'occupe de nous comme nous

nous occupons de lui, on souffle encore ; et, s'il reste une seule aigrette, c'est la preuve qu'il ne nous oublie pas ; mais cette seconde épreuve, il faut la faire avec précaution : on doit souffler bien doucement, car, à aucun âge, pas même à l'âge brillant des amours, il ne faut souffler trop fort sur les douces illusions qui embellissent la vie.

REINE MARGUERITE.

Variété.

AUTOMNE

SEPTEMBRE

LES FLEURS

 ans nos heureux climats le printemps se revêt d'une robe verte émaillée de fleurs, qui doit à la nature tous ses ornements. L'été, la tête couronnée de bluets et de coquelicots, fier de ses moissons dorées, reçoit de la main des hommes une partie de sa parure, tandis que l'automne paraît toute chargée de fruits perfectionnés par notre industrie. Ici la pêche succulente est ornée des couleurs de la rose, l'abricot savoureux paraît couvert de tout l'or qui éclate au sein des renoncules, le raisin de la pourpre des douces violettes, et la pomme variée de l'éclat des brillantes tulipes : tous ces fruits ressemblent tellement à des fleurs, qu'on les croirait faits pour le plaisir des yeux ; et cependant partout ils font régner l'abondance, et l'automne qui les

verse sur nos tables semble nous annoncer que la nature vient d'épuiser pour nous ses derniers bienfaits. Mais tout à coup une Flore nouvelle a paru dans nos champs. Cette déesse vagabonde, fille du commerce et de l'industrie, était inconnue aux beaux jours de la Grèce et à la simplicité de nos bons aïeux. Occupée sans cesse à parcourir la terre depuis deux siècles, elle nous enrichit des dépouilles du monde. Elle arrive, et nos parterres tristes, abandonnés, se revêtent d'un nouvel éclat : la marguerite chinoise se mêle au riche œillet d'Inde, le réséda des bords du Nil croît au pied de la tubéreuse orientale ; l'héliotrope, la capucine et la belle-de-nuit du Pérou s'épanouissent à l'ombre du bel acacia de Constantinople ; le jasmin de Perse s'unit au jasmin de Virginie pour couvrir nos berceaux, pour embellir nos bocages ; la rose de Damas, la croix de Jérusalem, qui nous rappellent les croisades, lèvent leurs têtes éclatantes auprès de la persicaire d'Orient ; et l'automne, qui ne trouvait jadis dans nos champs qu'un chapeau de pampres, s'étonne d'y revêtir de si riches ornements et de mêler à la verdure de ses couronnes de roses toujours fleuries qui croissent aux champs du Bengale. Ces biens si charmants, ces plaisirs si purs, nous les devons à ce bon Henri IV[35], qui, en fondant le Jardin des Plantes, semblait vouloir unir par des chaînes de fleurs son peuple à tous les peuples du monde. Que j'aime à

35. On croit généralement que le Jardin du Roi fut fondé par Louis XIII ; mais Henri IV en eut la première idée. C'est au Louvre, au jardin de l'Infante, qu'il se plaisait à faire cultiver les plantes que le voyageur Moquet lui apportait des différentes parties du monde. (*Voy.* les *Voyages de Moquet.*)

observer ces belles étrangères qui ont conservé parmi nous leur instinct et leurs habitudes naturelles ! La sensitive fuit sous ma main comme sous celle du sauvage américain ; le souci d'Afrique m'annonce, comme aux noirs habitants du désert, les jours secs ou pluvieux. Le liseron de Portugal me dit que, dans une heure, la moitié du jour sera écoulée, et la belle-de-nuit prévient l'amant timide qu'enfin l'heure du rendez-vous est près de sonner.

Dans leurs plus légers mouvements
L'observateur voit un présage :
Celle-ci, par son doux langage,
Indique la fuite du temps,
Qui la flétrit à son passage.
Sous un ciel encor sans nuage,
Celle-là, prévoyant l'orage,
Ferme ses pavillons brillants,
Et, sur les bords d'un frais bocage,
Sommeille au bruit lointain des vents.
Si l'une, dès l'aube éveillée,
Annonce les travaux du jour
Et, sur la prairie émaillée,
S'ouvre et se ferme tour à tour,
L'autre s'endort sous la feuillée,
Et du soir attend le retour
Pour marquer l'heure de l'amour
Et les plaisirs de la veillée.
Le villageois, le laboureur,
Y voit le sort de sa journée ;
Le temps, le calme, la fraîcheur,
Les biens et les maux de l'année ;
Il lit toute sa destinée
Dans le calice d'une fleur.
Livre charmant de la nature,

Que j'aime ta simplicité !
Ta science n'est point obscure,
Tu nous plais par la vérité,
Nous retiens par la volupté,
Et nous charmes par ta parure.
Mais des plus tendres sentiments
Les fleurs offrent encor l'image ;
Elles sont les plaisirs du sage,
Elles enchantent les amants,
Qui se servent de leur langage.
De cet art aimable et coquet
La beauté n'est point offensée,
Et souvent son âme oppressée
Confie aux couleurs d'un bouquet
Les doux secrets de sa pensée.
Leur langage est celui du cœur :
Elles expriment la tendresse,
Elles expriment la ferveur
Et les désirs de la jeunesse.
Sans jamais blesser la pudeur,
L'amant les offre à sa maîtresse,
Et brûle encor, dans son ivresse,
De lui prodiguer le bonheur
Dont un bouquet fait la promesse[36].

MYOSOTIS

Souvenez-vous de moi. — Ne m'oubliez pas.

Je n'ai vu nulle part les myosotis palustris aussi beaux et en aussi grande abondance que sur les bords d'un ruisseau aux environs de Luxembourg. Les villageois appellent ce ruisseau

---

36. Aimé Martin, *Lettres à Sophie*, t. Ier.

le Bain des Fées, ou la Cascade du Chêne enchanté ; ces deux noms lui viennent sans doute de la beauté de sa source, qui s'échappe, en murmurant, du pied d'un chêne aussi vieux que le monde. Les eaux de ce ruisseau bondissent d'abord, de cascade en cascade, sous une longue voûte de verdure qu'elles n'abandonnent que pour couler lentement dans une vaste prairie : là, elles apparaissent à l'œil enchanté comme un long filet d'argent. La rive la plus exposée au midi est seule couverte d'une épaisse bordure de myosotis ; les jolies fleurs de cette plante brillent, au mois de juillet, d'un bleu semblable à celui du ciel ; elles se penchent alors comme si elles prenaient plaisir à se mirer dans le cristal de cette eau, dont rien n'égale la pureté. Souvent les jeunes filles descendent des remparts de la ville, et viennent aux jours de fête danser sur les bords de ce ruisseau. En les voyant couronnées des fleurs qu'il arrose, on les prendrait pour autant de nymphes qui célèbrent des jeux en l'honneur de la naïade du Chêne enchanté. L'auteur des *Lettres à Sophie* dit avec raison que le myosotis eût été chez les anciens le sujet d'une touchante métamorphose, peut-être moins touchante que la vérité. « J'ai entendu raconter en Allemagne, ajoute-t-il, que, dans les temps anciens, deux jeunes amants, à la veille de s'unir, se promenaient sur les bords du Danube ; une fleur d'un bleu céleste se balance sur les vagues, qui semblent près de l'entraîner ; la jeune fille admire son éclat et plaint sa destinée. Aussitôt l'amant se précipite, saisit la tige fleurie, et tombe englouti dans les flots. On dit que, par un dernier effort, il jeta cette fleur sur le rivage, et qu'au moment de disparaître pour jamais il s'écriait encore : "Aimez-moi, ne m'oubliez pas." »

> Pour exprimer l'amour ces fleurs semblent éclore ;
> Leur langage est un mot, mais il est plein d'appas.
> Dans la main des amants elles disent encore :
>   Aimez-moi, ne m'oubliez pas[37].

REINE-MARGUERITE
Variété.

Quand on vit pour la première fois la reine-marguerite briller dans nos parterres, on lui donna le nom d'astre chinois. Effectivement, ses belles fleurs rayonnent comme des astres et nous viennent de la Chine.

Nous les devons au P. d'Incarville, missionnaire, qui en envoya la graine, vers 1730, au Jardin du Roi. On n'en obtint d'abord qu'une variété simple, et d'une couleur uniforme ; mais, dans la suite, la culture doubla, quadrupla et varia à l'infini les demi-fleurons satinés qui couronnent son disque. Une des plus belles variétés transforme les fleurons dorés de ses larges disques en tuyaux semblables à la peluche des anémones. On a supposé, bien à tort, que les Chinois ne connaissaient que la fleur simple et violette qui nous a d'abord été envoyée, ils possèdent toutes les variétés que nous admirons, et ils savent même tirer parti de ces variétés

---

37. *Lettres à Sophie*, t. Ier.

Reine-Marguerite, Violette

pour former, avec les reines-marguerites, des décorations dont aucune expression ne saurait rendre l'effet harmonieux. Pour préparer ces décorations, ils cultivent ces fleurs dans des pots ; puis ils séparent les couleurs, les nuances, les disposent avec un art infini, de manière qu'elles se développent en longs tapis, sans se séparer ni se confondre. Souvent ils doublent cet effet en plaçant ce théâtre de fleurs au bord d'une pièce d'eau. J'ai voulu essayer cette décoration, dont un célèbre voyageur m'avait beaucoup parlé ; mais il m'a manqué, pour en rendre tout l'effet, la profusion des fleurs, la variété des nuances dans la même couleur, et surtout cette admirable patience chinoise, qui ne connaît point d'obstacle. Cependant, mon petit théâtre, qui était plutôt rayé que dégradé, plaisait à tous les yeux, et plusieurs personnes se sont étonnées, comme moi, qu'on n'ait rien tenté de semblable pour la décoration de nos jardins et pour celle de nos fêtes.

Emblème de la variété, la reine-marguerite doit à une heureuse culture ses principaux charmes ; c'est la main habile du jardinier qui a environné ses disques d'or de toutes les couleurs de l'arc-en-ciel. Ainsi l'étude peut varier sans cesse les grâces d'un esprit naturel. Majestueuse et brillante, la reine-marguerite n'est pas l'imprudente rivale de la rose, mais elle lui succède et vient nous consoler de son absence.

TUBÉREUSE
Volupté.

Que son baume est flatteur, mais qu'il est dangereux[38] !

Guy de la Brosse, qui a fondé le Jardin du Roi, s'exprime ainsi dans son curieux ouvrage *De la nature des plantes* : « Je n'aime pas les redites des vieilles opinions dans les livres nouveaux ; il me semble plus à propos de chercher la vérité à sa source. » Le bon Guy de la Brosse a bien raison, la nature est un livre inépuisable, et si nouveau, que chaque jour on y peut faire d'utiles découvertes.

Les fruits les plus savoureux, les plus aimables, parent le sein de la terre depuis le commencement des siècles, et cependant la plupart de ces biens précieux et charmants nous sont inconnus, ou nous l'étaient naguère : voyez la tubéreuse, si belle, si odorante, si bien faite pour plaire à tous les yeux ; elle ne nous a été apportée de Perse qu'en 1632, par le P. Minuti, minime : on la vit fleurir pour la première fois en France, chez M. de Peiresc, à Beaugencier, près de Toulon. Cette belle fleur était simple alors : elle n'a doublé ses pétales que longtemps après, sous la main d'un habile cultivateur de Leyde, nommé Lecour ; de là elle s'est répandue sur toute la terre. En Russie, elle ne fleurit, il est vrai, que pour les rois et ceux qui les environnent ; mais elle s'est naturalisée au Pérou ; elle y croît sans culture, et s'unit à la brillante capucine pour

---

38. Roucher, poëme des *Mois*.

parer le sein de l'ardente Américaine. La tubéreuse, cette superbe fille de l'Orient, que l'illustre Linnée a nommée par excellence *polyanthe*, fleur digne des villes, est devenue chez nous, comme elle est en Perse, l'emblème de la volupté. Un jeune icoglan qui reçoit des mains de sa maîtresse une tige de tubéreuse en fleur touche au bonheur suprême ; car il doit interpréter ainsi ce symbole heureux des amours : « *Nos plaisirs surpasseront nos peines*[39]. »

Tout le monde connaît et admire les épis blancs et étoilés de la tubéreuse ; ces beaux épis terminent une tige haute et svelte, et versent, en se balançant dans les airs, un parfum qui vous pénètre et vous enivre. Voulez-vous jouir sans danger de cette odeur si séduisante, tenez-vous à quelque distance. Voulez-vous décupler le plaisir qu'elle vous donne, venez avec l'objet de vos amours la respirer au clair de la lune, à l'heure où soupire le rossignol. Alors, par une vertu secrète, ces suaves parfums ajouteront un charme indéfinissable à vos plus délicieux plaisirs ; mais, si, imprudent, vous voulez en jouir sans modération, si vous en approchez de trop près, cette fleur divine ne sera plus qu'une dangereuse enchanteresse, qui, en vous enivrant, versera dans votre sein un dangereux poison. Ainsi la volupté qui descend du ciel épure et redouble les délices d'un chaste amour ; mais celle qui tient à la terre empoisonne et tue la folle jeunesse.

> Dans ses bras amoureux l'imprudente la presse,
> Quand tout à coup, saisis d'une douce langueur,

---

39. *Secrétaire turc*, p. 102, v. 42.

Ses bras sont accablés sous le poids du bonheur.
A ce trouble inconnu la jeunesse alarmée
Veut éviter les traits du dieu qui l'a charmée ;
Mais, hélas ! ses combats se changent en plaisirs,
Ses craintes en espoir, ses remords en désirs !
Confuse, elle retombe au milieu de ses chaînes :
Un charme involontaire accompagne ses peines :
Elle voudrait haïr, elle ne peut qu'aimer ;
Son cœur cherche le calme et se laisse enflammer.
C'est alors qu'à ses yeux se découvre l'abîme :
Mais un chemin de fleurs la conduit jusqu'au crime[40].

BELLE-DE-JOUR, OU LISERON DE PORTUGAL
Coquetterie.

Aux feux dont l'air étincelle
S'ouvre la belle-de-jour ;
Zéphyr la flatte de l'aile :
La friponne encore appelle
Les papillons d'alentour.

Coquettes, c'est votre emblème
Le grand jour, le bruit vous plaît.
Briller est votre art suprême ;
Sans éclat, le plaisir même
Devient pour vous sans attrait[41].

40. Bernis, *Épître.*
41. Philippon de la Madeleine.

HÉLIOTROPE DU PÉROU
Enivrement : Je vous aime.

Qui voit ta fleur en boira le poison !
Elle a donné des sens à la sagesse
Et des désirs à la froide raison[42].

Les Orientaux disent que les parfums élèvent leur âme vers le ciel ; il est vrai qu'ils nous exaltent et nous causent une sorte d'ivresse : leur impression est si profonde, qu'unie à nos souvenirs elle leur donne, même après de longues années, toute la force d'une sensation présente.

Louis XIV aimait passionnément l'odeur des tubéreuses. Cette odeur lui rappelait, sans doute, un trait touchant de cette fille charmante qui apprit au monde étonné qu'un roi peut être aimé pour lui-même. Mademoiselle de la Vallière, après avoir tout oublié pour Louis, fut nommée fille d'honneur de Marie-Thérèse ; sa chambre était auprès de l'appartement de cette auguste princesse. Devenue mère au milieu de la nuit, cette faible amante eut la force de souffrir sans se plaindre ; et, comme la reine devait passer le matin même auprès de son lit pour se rendre à la messe, mademoiselle de la Vallière, espérant détourner les soupçons, fit couvrir sa cheminée de tubéreuses, et se leva pour aller au-devant de la reine. Ainsi cette infortunée se faisait pardonner sa honte en prouvant, au risque de sa vie, son respect pour la vertu :

42. Bernis.

dans ce temps, on croyait l'odeur des tubéreuses mortelle pour une femme en couches, et cette opinion n'est peut-être pas sans vraisemblance.

La comtesse Éléonore, fille naturelle de Christiern IV, roi de Danemark, qui devint si célèbre par les malheurs, les crimes et l'exil du comte Ulfeld, son époux, nous offre aussi une preuve bien frappante de la puissance des parfums sur les souvenirs. Cette princesse avait aimé, à l'âge de treize ans, un jeune homme, avec lequel on l'avait fiancée. Ce jeune homme mourut dans le château même où l'on faisait les apprêts de son mariage. Éléonore, au désespoir, voulut dire le dernier adieu à l'objet de ses tristes amours ; elle se fit conduire dans la chambre où il venait d'expirer. Déjà le corps reposait dans une bière couverte de romarin. Ce spectacle, cette odeur, firent une grande impression sur Éléonore ; on sait que, dans la suite, elle montra un courage égal à ses malheurs, mais elle ne put cependant jamais respirer l'odeur du romarin sans tomber aussitôt dans les plus affreuses convulsions.

Un jour, le célèbre botaniste Jussieu, en herborisant dans les Cordillères, se sentit tout à coup comme enivré des plus délicieux parfums : il s'attendait à découvrir quelques fleurs éclatantes, mais il n'aperçut que de jolis buissons, d'un vert doux, sur le fond desquels se détachaient doucement des épis d'un bleu mourant : il s'approche de ces buissons élevés de six pieds, et il voit que les fleurs dont ils étaient tous chargés se tournaient mollement vers le soleil, qu'elles semblaient regarder avec amour. Frappé de cette disposition, il donna à cette plante le nom d'héliotrope. Ce nom est composé de deux mots grecs, *helios*, soleil ; et *trepo*, je tourne : fleur se tournant au soleil. Le savant botaniste, charmé de sa nouvelle conquête, s'empressa de recueillir les graines de cette plante, et de les envoyer au Jardin du Roi, où elles ont réussi. Les femmes accueillirent cette fleur avec enthousiasme : elles la placèrent dans les vases les plus précieux, la nommèrent herbe d'amour, et ne reçurent plus qu'avec indifférence les bouquets où l'on avait oublié de faire entrer leur fleur favorite. C'est donc sous les auspices des dames que l'héliotrope péruvien, cultivé pour la première fois à Paris, en 1740, a fait fortune dans le monde et s'est répandu dans toute l'Europe.

On demandait un jour à une très-aimable femme qui aimait passionnément l'héliotrope quel charme pouvait avoir à ses yeux cette fleur triste et sans éclat : « C'est, répondit-elle, que le parfum de l'héliotrope est à mon parterre ce que l'âme est à la beauté, la volupté à l'amour, et l'amour à la jeunesse. »

SOLEIL OU TOURNESOL
Fausses richesses.

Le tournesol nous vient du Pérou, où ces fleurs étaient jadis honorées, comme les images de l'astre du jour. Les vierges du Soleil, dans leurs fêtes religieuses, portaient toutes une couronne d'or qui représentait cette fleur immense, qui étincelait encore dans leurs mains et sur leurs poitrines. Les Espagnols, étonnés de ce luxe, le furent bien davantage lorsqu'ils virent des champs entiers couverts de maïs et de tournesols, imités avec tant d'art, que l'or dont ils étaient faits fut ce qui parut le moins admirable à ces avides conquérants. Du reste, ce faste américain qui nous étonne est encore en usage dans tout l'Orient : le trône du grand Mogol est surmonté d'un palmier d'or aux fruits de diamants, et les lambris de la salle où ce monarque reçoit les ambassadeurs sont revêtus d'une vigne d'or émaillée, dont les raisins sont formés d'améthystes, de saphirs et de rubis, pour exprimer leurs divers degrés de maturité. Tous les ans, on pèse l'heureux possesseur de tant de richesses ; les poids sont de petits fruits d'or que l'on jette, après la cérémonie, au milieu des courtisans, qui se disputent leur possession. Ces courtisans sont les plus grands seigneurs des Indes : ainsi les fausses richesses, dont la seule pensée surprend et charme le vulgaire, avilissent également et celui qui les possède et ceux qui les envient. Beaux jardins d'Alcinoüs, vous ne renfermiez ni palmiers, ni vignes, ni moisson d'or et de diamants, et cependant tous les trésors du grand Mogol n'auraient pu payer un seul de ces beaux arbres que le divin Homère couvrait de fleurs et de fruits dans toutes les saisons !

On raconte que Pithès, riche Lydien, possédant plusieurs mines d'or, négligea la culture de ses terres, et n'employa plus ses nombreux esclaves qu'aux travaux des mines. Sa femme, qui était pleine de sagesse et de bonté, lui fit un jour servir un souper dont tous les mets étaient d'or. « Je vous donne, lui dit-elle, la seule chose que nous ayons en abondance : on ne peut recueillir que ce que l'on sème ; voyez vous-même si l'or est un si grand bien ! » Cette leçon fit impression sur l'esprit de Pithès, qui reconnut alors que la Providence n'avait pas abandonné les véritables richesses à l'avarice des hommes ; mais que, semblable à une tendre mère, elle s'était réservé le soin de les distribuer chaque année à ses enfants, comme la récompense des travaux les plus doux.

Le P. Jean de Bussières a eu la singulière idée de diviser l'*Histoire universelle* en un parterre, comparant tous les événements de la terre aux fleurs qui couvrent son sein. Ainsi le temps précurseur des patriarches lui paraît se rapporter à l'iris, fleur qui annonce les événements ; la tulipe, à la robe de Joseph ; les narcisses, à Cyrus ; et le tournesol, aux temps du grand Constantin : car, dit-il, toute la pompe de cette fleur se termine en un bois inutile ; ainsi la puissance de l'empire, qui fut élevée si haut, déchut bientôt. Ce singulier livre est dédié à la sainte Vierge : on voit par là que les emblèmes des fleurs peuvent également représenter les passions qui bouleversent les empires, et les passions plus douces qui agitent les amants.

GIROFLÉE DES MURAILLES
Fidèle au malheur.

Les Anglais appellent cette aimable fleur Violette des murailles ; effectivement elle aime à croître dans les fentes des vieux murs : on la voit sur les tours en ruine, sur les chaumières et sur les tombeaux. Souvent une plante de giroflée solitaire croît dans la mortaise ou la meurtrière d'un antique château. Ses tiges fleuries semblent se plaire à voiler ces tristes inventions, qui attestent encore les maux et les désordres de la féodalité. Autrefois les ménestrels et les troubadours portaient une branche de giroflée comme l'emblème d'une affection qui résiste au temps, et qui survit au malheur. Lorsque la Terreur régnait sur la France, on a vu une populace effrénée se précipiter vers l'abbaye de Saint-Denis, pour jeter au vent les cendres de nos rois : ces barbares, après avoir brisé les marbres sacrés, comme effrayés de leurs sacrilèges, allèrent en cacher les débris derrière le chœur de l'église, dans une cour obscure, où la Révolution les oublia. Un poëte, en allant visiter ce triste lieu, le trouva tout brillant d'une décoration inattendue : les fleurs de la giroflée couvraient ces murs isolés. Cette plante, fidèle au malheur, répandait dans cette religieuse enceinte des parfums si doux, qu'on eût dit un pieux encens qui s'élevait vers le ciel. A cette vue, le poëte se sentit inspiré ; il s'écria :

> Mais quelle est cette fleur que son instinct pieux
> Sur l'aile du zéphyr amène dans ces lieux ?
> Quoi ! tu quittes le temple où vivent tes racines,
> Sensible giroflée, amante des ruines,
> Et ton tribut fidèle accompagne nos rois ?
> Ah ! puisque la Terreur a courbé sous ses lois
> Du lis infortuné la tige souterraine.
> Que nos jardins en deuil te choisissent pour reine ;
> Triomphe sans rivale, et que ta sainte fleur
> Croisse pour le tombeau, le trône et le malheur[43].

---

43. Treneuil, *Tombeaux de Saint-Denis.*

RÉSÉDA.

Vos qualités surpassent vos charmes.

HÉLIOTROPE.　　　　**ŒILLET ROUGE.**

Je vous aime.　　　　*Amour vif et pur.*

Vos qualités surpassent vos charmes;
je vous aime d'un amour vif et pur.

OCTOBRE

LIERRE
Amitié.

 amour fidèle retient avec une branche de lierre les roses passagères qui couronnent son front. L'amitié a choisi pour devise un lierre qui entoure de verdure un arbre renversé, avec ces mots : *Rien ne peut m'en détacher.* En Grèce, l'autel de l'hyménée était entouré d'un lierre, et on en présentait une tige aux nouveaux époux, comme le symbole d'un lien indissoluble. Les Bacchantes, le vieux Silène, et Bacchus lui-même, étaient couronnés de lierre. La verdure éternelle des feuilles de lierre était, pour cette cour joyeuse, l'emblème d'une constante ivresse. On a quelquefois représenté l'ingratitude sous la forme du lierre qui étouffe son soutient : l'auteur des *Études de la nature* a repoussé cette calomnie ;

le lierre lui paraît le modèle des amis. « Rien, dit-il, ne peut le séparer de l'arbre qu'il embrasse une fois ; il le pare de son feuillage dans la saison cruelle où ses branches noircies ne soutiennent plus que des frimas ; compagnon de ses destinées, il tombe quand on le renverse ; la mort même ne l'en détache pas, et il décore de sa constante verdure le tronc tout desséché de l'appui qu'il adopta. » Ces idées, aussi touchantes que gracieuses, ont encore le mérite d'être vraies ; le lierre tient à la terre par ses propres racines, et ne tire point sa substance des corps qu'il environne ; protecteur des ruines, il est l'ornement des vieux murs, qu'il soutient. Il n'accepte point tous les appuis ; mais, ami constant, il meurt où il s'attache.

CAPILLAIRE
Discrétion.

Jusqu'à ce jour, les botanistes ont en vain étudié cette plante, qui semble dérober à leurs savantes recherches le secret de ses fleurs et celui de ses fruits ; elle ne confie qu'au zéphyr les germes invisibles de sa jeune famille. Ce dieu choisit seul le berceau de ses enfants ; il se plaît quelquefois à former, de leurs ondoyantes chevelures, le sombre voile qui dérobe aux regards l'antre où dort, depuis le commencement des siècles, la naïade solitaire ; d'autres fois il les porte sur ses ailes, et les fait rayonner en étoiles de verdure au sommet des tours d'un vieux château, ou bien il les dispose en légers festons, et en décore les lieux frais et *ombreux* aimés des bergers. Ainsi la fougère met en défaut la science, elle cache sa secrète origine aux yeux les plus pénétrants, mais elle s'empresse de répondre, par des bienfaits, à la main qui l'interroge.

COLCHIQUE
Mes beaux jours sont passés.

Vers les derniers jours d'été on voit briller, sur la verdure des humides prairies, une fleur semblable au safran printanier : cette fleur est le colchique d'automne ; loin de nous inspirer, comme le safran, la joie et l'espérance, il annonce à toute la nature la perte des beaux jours.

Les anciens croyaient que cette plante, venue des champs de la Colchide, devait sa naissance à quelques gouttes de la liqueur magique que Médée prépara pour rajeunir le vieil Æson. Cette origine fabuleuse a fait longtemps considérer le colchique comme un préservatif contre toutes sortes de maladies. Les Suisses attachent cette fleur au cou de leurs enfants, et les croient inaccessibles à tous les maux. La folle opinion des vertus merveilleuses de cette plante a même séduit les hommes les plus graves, et il a fallu toute l'expérience du célèbre Haller pour faire disparaître ces vaines superstitions de l'ignorance. Cependant le colchique intéressera toujours les vrais savants, par les phénomènes botaniques les plus singuliers. Sa corolle, dont les six découpures sont glacées de violet, n'a ni feuilles ni tige. Un long tube, blanc comme l'ivoire, qui n'est qu'un prolongement de la fleur, est son seul soutien ; c'est au fond de ce tube que la nature a placé la graine, qui ne doit mûrir qu'au printemps suivant. L'enveloppe qui la renferme, profondément ensevelie sous le gazon, brave les rigueurs de l'hiver ; mais, aux premiers beaux jours, cette espèce de berceau sort de terre, et vient se balancer aux rayons du soleil, environné d'une touffe de larges feuilles du plus beau vert. Ainsi cette plante, renversant l'ordre accoutumé des saisons, mêle ses fruits aux fleurs du printemps, et ses fleurs aux fruits de l'automne. Mais, dans tous les temps, les tendres agneaux fuient à son aspect ; la jeune bergère s'attriste à sa vue ; et, si quelquefois la mélancolie tresse une couronne de ses fleurs d'un bleu mourant, elle la consacre aux jours heureux qui ont fui pour ne plus revenir.

LAURIER-AMANDIER
Perfidie.

Aux environs de Trébizonde, sur les bords de la mer Noire, croît naturellement le laurier perfide, qui cache sous sa douce et brillante verdure le plus funeste de tous les poisons ; cet arbre, qui orne nos bosquets d'hiver, se charge au printemps de nombreuses pyramides de fleurs blanches auxquelles succèdent des fruits noirs semblables à de petites cerises ; ses fleurs, ses fruits et ses feuilles ont le goût et l'odeur de l'amande. On raconte qu'une tendre mère, le jour de sa fête, voulant préparer un mets agréable à sa famille, jeta quelques livres de sucre et une poignée de feuilles de laurier-amandier dans une chaudière de lait bouillant. A la vue du festin qui s'apprête, une innocente joie éclate dans tous les yeux. O surprise ! à peine a-t-on goûté le mets fatal, que tous les visages changent, les cheveux se hérissent sur la tête des malheureux, leur respiration se précipite, mille cris confus sortent de leur poitrine, une fureur horrible les poursuit, les agite et s'empare de leurs sens. La mère, désolée, veut appeler du secours ; mais, saisie du même mal, elle partage le délire insensé auquel elle ne peut apporter aucun remède. Le sommeil calme enfin les vertiges de cette triste ivresse. Mais que devint la pauvre mère, quand un homme habile lui apprit le lendemain qu'elle avait fait prendre à ses enfants un venin tout semblable à celui de la vipère[44] ? Ce venin, concentré dans l'eau distillée ou dans l'huile essentielle du laurier-amandier, est si violent, qu'il suffit de le mettre en contact avec la plus légère blessure pour donner la mort à l'homme le plus robuste. De sages règlements ont défendu, en Italie, la vente de cet affreux poison. Cependant des distillateurs avides en distribuent secrètement sous le nom d'essence d'amandes amères. On assure encore qu'au moyen du parfum de ce terrible laurier on peut évoquer du sein des enfers le démon du cauchemar ! Fuseli, célèbre peintre anglais, a vu et représenté avec des pinceaux sublimes et bizarres les

44. C'est Fontana qui a obtenu ce résultat.

effets d'une semblable imprudence. Voyez cette jeune fille en proie au délire de l'amour. Pour appeler autour d'elle les songes légers, elle dépose sous son chevet une branche de laurier-amandier. Bientôt un sommeil accablant ferme ses paupières. Le fantôme, appelé par un parfum qu'il ne saurait méconnaître, arrive, et s'assied en grimaçant sur la poitrine de l'imprudente beauté. La douleur est exprimée dans tous les traits de l'infortunée, sa tête se renverse avec effort, ses bras tombent sur le bord du lit, son sein palpite et se soulève péniblement ; elle se sent étouffer, le mouvement interrompu de son cœur semble la menacer de la mort. Tourmentée par une succession de rêves incohérents, elle voit des villes prises d'assaut, des veuves en pleurs, des amants étendus dans des bières sanglantes ; elle est transportée dans un désert, au milieu d'une nuit obscure et glacée, un assassin la poursuit un poignard à la main, et le plus épouvantable précipice s'oppose à sa fuite ; des convulsions agitent tous ses membres, ses mains se crispent, et ses pieds liés ne peuvent plus faire de mouvements. Elle essaye en vain de pousser des cris, ses lèvres tremblantes ne peuvent articuler ; elle fait d'inutiles efforts pour ouvrir ses paupières paralysées. Elle voudrait marcher, courir, nager, voler, se traîner ; mais la volonté n'a plus de pouvoir dans l'empire du sommeil. Le démon hideux pèse toujours sur son sein, il se dresse, se balance, roule ses yeux dans leur hideuse orbite, prête l'oreille à ses accents plaintifs et jouit de ses souffrances et de son désespoir.

On vous rendra justice.

Le génie, caché sous une modeste apparence, ne frappe point les yeux du vulgaire. Mais, si les regards d'un juge éclairé le rencontrent, aussitôt sa force est relevée, et il emporte l'admiration de ceux dont la stupide indifférence n'avait pu le comprendre. Un jeune meunier hollandais, se sentant du goût pour la peinture, s'exerça, dans ses moments de loisir, à représenter le paysage au milieu duquel il vivait. Le moulin, les troupeaux de son maître, une verdure admirable, les effets du ciel, des nuages, de la vapeur, de la lumière et des ombres, voilà ce que son naïf pinceau rendait avec une vérité exquise. A peine un tableau était-il fini, qu'il était porté chez un marchand de couleurs, qui, pour le prix, donnait de quoi en refaire un autre. Un jour de fête, l'aubergiste du lieu, voulant orner la salle où il recevait ses hôtes, fit emplette de deux de ces tableaux. Un grand peintre s'arrête dans cette auberge, il admire la vérité de ces paysages, offre cent florins de ce qui n'avait coûté qu'un écu, et, en payant, il promet de prendre au même prix tous les ouvrages du même auteur. Voilà la réputation du jeune peintre établie, voilà sa fortune faite. Aussi sage qu'heureux, il n'oublia jamais son cher moulin ; on en retrouve l'image dans tous ses tableaux, qui sont autant de chefs-d'œuvre. Qui croirait que les plantes ont le même sort que les hommes, et qu'il leur faut aussi un patron pour être appréciées ?

Le tussilage odorant, malgré sa suave odeur, a vécu longtemps ignoré au pied du mont Pila, où sans doute il fleurirait encore sans gloire, si un savant botaniste, M. Villau, de Grenoble, n'avait su apprécier ses qualités bienfaisantes. Cette plante parfumée apparaît dans une saison où toutes les autres fleurs ont disparu : comme le grand artiste fit l'éloge du pauvre peintre, M. Villau fit celui de l'humble fleur ; il lui donna un rang distingué dans ses ouvrages ; et, depuis ce temps, le tussilage, cultivé avec soin, vient, dès les premiers jours de décembre, parfumer nos plus brillants salons.

GÉRANIUM ÉCARLATE
Sottise.

Madame la baronne de Staël se fâchait toutes les fois que l'on tentait d'introduire dans sa société un homme sans esprit. Un jour un de ses amis risqua pourtant de lui présenter un jeune officier suisse, de la plus aimable figure. Cette dame, séduite par l'apparence, s'anima, et dit mille choses flatteuses au nouveau venu, qui d'abord lui sembla muet de surprise et d'admiration. Cependant, comme il l'écoutait depuis une heure sans ouvrir la bouche, elle commença à se méfier un peu de son silence, et lui adressa tout à coup des questions tellement directes, qu'il fallut bien y répondre. Hélas ! le malheureux n'y répondit que par des sottises. Madame de Staël se tourne alors, fâchée d'avoir perdu sa peine et son esprit, vers son ami, et lui dit : « En vérité, monsieur, vous ressemblez à mon jardinier, qui a cru me faire fête en m'apportant ce matin un pot de géranium ; mais je vous préviens que j'ai renvoyé cette fleur, en le priant de ne plus l'offrir à mes regards. — Eh ! pourquoi donc ? demanda le jeune homme tout ébahi. — C'est, monsieur, puisque vous voulez le savoir, que le géranium est une fleur bien vêtue de rouge : tant qu'on la regarde elle plaît aux yeux ; mais, lorsqu'on la presse légèrement, il n'en sort qu'une odeur importune. » En disant ces mots, madame de Staël se leva et sortit, laissant, comme on le pense bien, les joues du jeune sot aussi rouges que son habit, ou que la fleur à laquelle il venait d'être comparé.

CYPRÈS

Deuil.

Dans tous les lieux où ces arbres frappent nos regards, leur aspect lugubre pénètre d'idées mélancoliques. Leurs longues pyramides élevées vers le ciel gémissent agitées par les vents. La clarté du soleil ne saurait pénétrer leur sombre épaisseur, et, lorsque ses derniers rayons viennent à projeter leur ombre sur la terre, on dirait un noir fantôme.

Au milieu de nos bosquets fleuris, le cyprès s'élève parfois comme ces images de la mort que les Romains montraient à leurs convives au milieu même des transports de leur folle joie.

Les anciens avaient consacré le cyprès aux Parques, aux Furies et à Pluton : ils le plaçaient auprès des tombeaux. Les peuples de l'Orient ont conservé le même usage. Chez eux, les champs de la mort ne sont pas nus et dévastés :

couverts d'ombres et de fleurs, ce sont des lieux de fête, ce sont des promenades publiques qui rapprochent sans cesse les amis qui vivent de ceux qui les ont précédés. On sait quel respect les Orientaux ont pour le tombeau des ancêtres. Souvent, aux environs de Constantinople, on voit une famille d'Arméniens se presser dans l'enceinte d'un monument funèbre. Les vieillards y méditent, les enfants s'y livrent à la joie, et quelquefois de jeunes amants viennent se jurer un constant amour en présence des amis qui leur restent et de ceux qu'ils ont perdus. Plus loin on voit aussi l'orphelin solitaire assis auprès du cyprès qui couvre ses parents ; à la vue de leurs tombeaux, il se croit encore protégé par eux. La chaste veuve, prosternée sur la pierre qui couvre son époux, prie, cherche dans cette image même de la mort l'espérance qui la console ; mais la triste mère qui a perdu ses enfants pleure et ne veut pas être consolée[45].

> Et toi, triste cyprès,
> Fidèle ami des morts, protecteur de leur cendre,
> Ta tige, chère au cœur mélancolique et tendre,
> Laisse la joie au myrte et la gloire au laurier.
> Tu n'es point l'arbre heureux de l'amant, du guerrier,
> Je le sais ; mais ton deuil compatit à nos peines.

45. Jérémie, xxv, 15.

BELLE-DE-NUIT
Timidité.

Solitaire amante des nuits,
Pourquoi ces timides alarmes,
Quand ma muse au jour que tu fuis
S'apprête à révéler tes charmes ?
Si, par pudeur, aux indiscrets
Tu caches ta fleur purpurine,
En nous dérobant tes attraits,
Permets encor qu'on les devine.

Lorsque l'aube vient réveiller
Les brillantes filles de Flore,
Seule tu sembles sommeiller,
Et craindre l'éclat de l'aurore.
Quand l'ombre efface leurs couleurs,
Tu reprends alors ta parure,
Et de l'absence de tes sœurs
Tu viens consoler la nature.

Sous le voile mystérieux
De la craintive modestie,
Tu veux échapper à nos yeux,
Et tu n'en es que plus jolie.
On cherche, on aime à découvrir
Le doux plaisir que tu recèles ;
Ah ! pour encor les embellir,
Donne ton secret à nos belles[46].

---

46. Constant Dubos.

LE CHÊNE
Hospitalité.

Les anciens croyaient que le chêne, né avec la terre, avait offert aux premiers hommes et la nourriture et un abri. Cet arbre consacré à Jupiter ombrageait le berceau de ce dieu, lorsqu'il prit naissance en Arcadie, sur le mont Lycée. La couronne de chêne, moins estimée par les Grecs que la couronne d'or, paraissait aux Romains la plus désirable des récompenses. Pour l'obtenir il fallait être citoyen, avoir tué un ennemi, reconquis un champ de bataille, ou sauvé la vie à un Romain. Scipion l'Africain refusa la couronne civique, après avoir sauvé son père à la journée de Trébie ; il refusa cette couronne, car son action portait en elle-même sa récompense. En Épire, les chênes de Dodone rendaient des oracles ; ceux des Gaules couvraient les mystères des druides. Les Celtes adoraient cet arbre ; il était pour eux l'emblème de l'hospitalité, vertu qui leur fut si chère, qu'après le titre de brave celui d'ami et d'étranger était à leurs yeux le plus beau des titres.

Les hamadryades, les fées et les génies n'enchantent plus nos sombres forêts ; mais l'aspect d'un chêne majestueux nous remplit encore d'admiration, de respect et de crainte. Plein de jeunesse et de force, lorsqu'il élève sa tête altière et qu'il étend ses bras immenses, il paraît comme un protecteur, comme un roi. Dépouillé de verdure, immobile, frappé de la foudre, il ressemble au vieillard qui a vécu dans les siècles passés, et qui ne prend plus part aux agitations de la vie. Les vents impétueux luttent quelquefois contre ce fier athlète : d'abord il murmure, mais bientôt un bruit sourd, profond, mélancolique, sort de ses robustes rameaux. On écoute, et on croit entendre une voix confuse et mystérieuse qui explique les vieilles superstitions du monde.

En Angleterre, on a vu un seul chêne couvrir de son ombre plus de quatre mille soldats ; dans le même pays, auprès de Shrewsbury, le chêne royal, encore tout verdoyant, rappelle les malheurs de Charles II, fugitif au milieu de son royaume. Ce prince trouva un abri, un sauveur, mais son père n'en trouva point… Horrible souvenir ! qui rappelle, hélas ! que l'Angleterre n'a pas été seule altérée du sang des rois… Et pourtant on montre encore, à la porte de Paris, dans le bois de Vincennes, la place occupée jadis par le chêne sous lequel saint Louis, semblable à un tendre père, venait s'asseoir pour rendre la justice à son peuple.

BRUYÈRE.

Amour de la Solitude.

NOVEMBRE

AMARANTE
Immortalité.

L amarante est le dernier présent de l'automne. Les anciens avaient associé cette fleur aux honneurs suprêmes, en en parant le front des dieux. Quelquefois les poëtes ont mêlé son éclat au triste et noir cyprès, voulant exprimer ainsi que leurs regrets étaient attachés à d'immortels souvenirs. Homère dit qu'aux funérailles d'Achille les Thessaliens se présentèrent la tête couronnée d'amarante. Malherbe, comme si sa propre gloire appartenait au héros qu'il célèbre, dit à Henri IV :

> Ta louange dans mes vers,
> D'amarante couronnée,
> N'aura sa fin terminée
> Qu'en celle de l'univers.

L'amour et l'amitié se sont aussi parés d'amarante. Dans la *Guirlande de Julie*, on trouve ce quatrain :

> Je suis la fleur d'amour qu'amarante on appelle,
> Et qui viens de Julie adorer les beaux yeux.
> Roses, retirez-vous : j'ai le nom d'immortelle,
> Il n'appartient qu'à moi de couronner les dieux.

Dans une idylle charmante, M. Constant Dubos a chanté cette fleur, dont l'aspect nous console des rigueurs de l'hiver. Après avoir regretté la fuite rapide des fleurs et du printemps, il dit :

> Je t'aperçois, belle et noble amarante !
> Tu viens m'offrir, pour charmer mes douleurs,
> De ton velours la richesse éclatante ;
> Ainsi la main de l'amitié constante,
> Quand tout nous fuit, vient essuyer nos pleurs.
> Ton doux aspect de ma lyre plaintive
> A ranimé les accords languissants.
> Dernier tribut de Flore fugitive,
> Elle nous lègue, avec la fleur tardive,
> Le souvenir de ses premiers présents,

La reine Christine de Suède, qui voulut s'immortaliser en renonçant au trône pour cultiver les lettres et la philosophie, institua l'ordre des chevaliers de l'amarante. La décoration de cet ordre est une médaille d'or enrichie d'une fleur d'amarante en émail, avec ces mots : *Dolce nella memoria (en sa douce mémoire)*.

Dans les jeux floraux, à Toulouse, le prix des plus beaux chants lyriques est une amarante d'or. Clémence Isaure en avait fait l'emblème de l'immortalité.

PERSIL
Festin.

Le persil était en grande réputation chez les Grecs. Dans les banquets, ils couronnaient leurs fronts de ses légers rameaux, qu'ils croyaient propres à exciter la gaieté et l'appétit. A Rome, dans les jeux Isthmiques, les vainqueurs étaient couronnés de persil. On croyait cette plante originaire de la Sardaigne, parce que cette province est représentée sur les médailles anciennes sous la forme d'une femme auprès de laquelle est un vase d'où sort un bouquet de persil ; mais cette plante est naturelle à tous les lieux frais et ombragés de la Grèce, et même à nos provinces du Midi. Guy de la Brosse prétend qu'elle croît aussi auprès de Paris, sur le mont Valérien ; mais il est présumable que la plante qu'il désigne sous ce nom n'est pas le véritable persil, puisqu'on attribue à Rabelais son introduction en France, et que, s'il faut en croire les érudits, il le rapporta de Rome avec la laitue romaine ; si cela est, ce bel esprit aurait bien fait d'attacher son nom à ces modestes présents. Le *Rabelais*, comme la *reine Claude*, eût été célébré par les gourmands de tous les âges. Quoi qu'il en soit, la belle verdure de cette plante relève la propreté et l'élégance des mets qu'elle environne : elle est le luxe du pot-au-feu ; elle contribue à l'agrément des plus beaux dîners. Une branche de laurier et une couronne de persil sont les attributs qui conviendraient chez nous au dieu des festins. Ces plantes, le laurier surtout, ont servi à de plus nobles usages ; mais, dans le siècle des gastronomes, il ne faut pas rappeler ce qui se faisait au siècle des héros.

CORNOUILLER SAUVAGE
Durée.

Le cornouiller ne s'élève guère qu'à la hauteur de dix-huit ou vingt pieds : il vit des siècles ; mais il est très-lent à croître ; on le voit fleurir au printemps, cependant il ne cède qu'à l'hiver ses fruits d'un rouge éclatant. Les Grecs avaient consacré cet arbre à Apollon, sans doute parce que ce dieu présidait aux ouvrages d'esprit, qui demandent beaucoup de temps et de réflexion. Charmant emblème qui apprenait à tous ceux qui voulaient cultiver les lettres, l'éloquence et la poésie, que, pour mériter la couronne de laurier, il fallait porter longtemps celle de la patience et de la méditation. Après que Romulus eut tracé l'enceinte de sa ville naissante, il lança son javelot sur le mont Palatin. Le bois de ce javelot était de cornouiller : il prit racine, s'éleva, produisit des branches, des feuilles, il devint arbre ; ce prodige fut regardé comme l'heureux présage de la force et de la durée de ce naissant empire.

UNE PAILLE ENTIÈRE
Union.

UNE PAILLE BRISÉE
Rupture.

L'usage de briser une paille, pour exprimer que tous les serments sont rompus, remonte aux premiers temps de la monarchie ; on peut même dire qu'il a une origine presque royale.

Les vieux chroniqueurs racontent qu'en 922 Charles le Simple, se voyant abandonné des principaux seigneurs de sa cour, eut l'imprudence de convoquer l'assemblée du Champ de Mai à Soissons. Il y cherchait des amis, il n'y trouva que des factieux dont sa faiblesse accroissait l'audace. Les uns lui reprochent son indolence, ses prodigalités et sa confiance aveugle dans son ministre Haganon ; les autres s'élèvent contre le déshonneur de ses concessions à Raoul, chef des Normands. Environné de leur foule séditieuse, il prie, il promet, il croit leur échapper par de nouvelles faiblesses, mais en vain. Dès qu'ils le voient sans courage, leur audace n'a plus de bornes : ils osent déclarer qu'il a cessé d'être leur roi. A ces mots, qu'ils prononcent avec toutes les marques de la violence, et qu'ils accompagnent de menaces, ils s'avancent au pied du trône, brisent des pailles qu'ils tiennent dans leurs mains, les jettent brusquement à terre, et se retirent après avoir exprimé, par cette action, qu'ils rompaient avec lui.

Cet exemple est le plus ancien de ce genre qui nous soit parvenu ; mais il prouve que, depuis longtemps, cette manière de rompre un serment devait être en usage, puisque les grands vassaux ne crurent pas nécessaire d'ajouter à leur action une seule parole qui pût servir à l'expliquer : ils étaient donc sûrs d'être entendus, et ils le furent.

> Il y a loin de cette scène terrible à la scène si comique du *Dépit amoureux* de Molière ; cependant l'une est l'origine de l'autre : elles prennent au moins leur source dans le même usage populaire ; il n'y a que la différence du temps. Ce qui servait jadis à détrôner un roi, à bouleverser une nation, ne peut plus servir qu'à désoler un cœur.

Heureux les amants dont les ruptures se terminent comme les révolutions du bon vieux temps !

UN MONCEAU DE FLEURS
Nous mourrons ensemble.

On sait qu'un amas de fleurs et de fruits décompose l'air, en sorte qu'il n'est plus respirable et donne la mort.

Cette triste propriété a inspiré à un poëte allemand nommé Freiligrath une touchante élégie ; elle est intitulée : *Vengeance des fleurs.*

Au retour d'une course botanique, deux jeunes filles rentrent à la maison, ferment les fenêtres, se couchent et s'endorment. A leurs pieds, dans une corbeille, on voit les fleurs qu'elles viennent de cueillir. Imprudentes ! où donc est leur mère, et qui les avertira du péril qui les environne ? Déjà l'air se décompose, l'atmosphère de la petite chambre pèse et n'est plus respirable, et les deux jeunes filles oppressées se débattent silencieusement sur leur couche. Tout à coup, du sein de la corbeille de fleurs s'élèvent les esprits du narcisse et de la tubéreuse. Ce sont deux nymphes légères qui dansent en tournoyant et en chantant : Jeunes filles ! jeunes filles ! pourquoi nous avoir ôté la vie ? La nature ne nous donne qu'un jour, et vous l'avez abrégé ! Oh ! que la rosée était douce ! que le soleil était radieux ! Et cependant il faut mourir ! mais nous serons vengées !… Et, en chantant ainsi, les deux nymphes, toujours tournoyant, toujours gémissant, s'étaient approchées de la couche des jeunes filles, et elles leur soufflaient au visage leurs parfums empoisonnés. Pauvres enfants ! voyez comme leurs joues sont livides ! comme leurs lèvres sont pâles ! comme leurs bras sont enlacés ! Hélas ! leur cœur ne bat plus, elles ont cessé de respirer ; elles sont mortes ensemble. Les fleurs sont vengées !

Décembre.

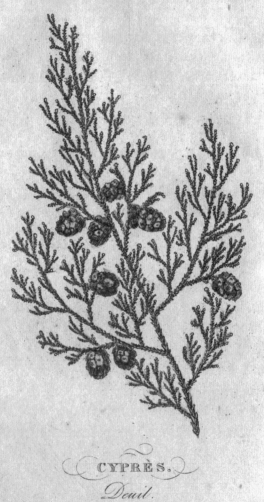

CYPRÈS.

Deuil.

HIVER

DÉCEMBRE

LES FEUILLES MORTES
Tristesse, mélancolie.

hiver s'avance ; les arbres ont perdu leur verdure après s'être dépouillés de leurs fruits ; le soleil, en se retirant, verse sur les feuillages des couleurs sombres ou métalliques ; le peuplier se couvre d'un or pâle et décoloré, tandis que l'acacia reploie ses légères folioles que les rayons du soleil ne réveilleront plus : cependant le bouleau laisse flotter sa longue chevelure déjà privée d'ornements, et le sapin, qui doit conserver sa verte pyramide, la balance fièrement dans les airs. On voit le chêne immobile ; il résiste à l'effort du vent, qui ne saurait dépouiller sa tête altière ; mais le roi des forêts cédera au printemps ses feuilles rougies par l'hiver. On dirait tous ces arbres émus de passions différentes : l'un s'incline profondément, comme s'il voulait rendre hommage à celui que la tempête ne saurait ébranler ; l'autre semble vouloir embrasser le compagnon, l'appui de sa faiblesse, et, tandis qu'ils confondent, qu'ils mêlent leurs rameaux, un troisième s'agite en tous sens, comme s'il était environné d'ennemis : le respect, l'amitié, la haine, la colère, passent tour à tour de l'un à l'autre. Ainsi, battus de tous les vents, et comme agités de toutes les passions, ils font entendre de longs gémissements, on dirait les murmures confus d'un peuple en alarmes ; il n'y a point de voix dominante : ce sont des bruits sourds, profonds, monotones, qui jettent l'âme dans une vague rêverie ; souvent on voit tomber sur la terre, déjà privée de sa verdure, des nuages de feuilles mortes : elles couvrent le sol d'un mobile vêtement. On aime à contempler l'orage qui les chasse, les disperse, les agite, et qui tourmente ces tristes débris d'un printemps qui ne reviendra plus.

> Nos prés ont perdu leur fraîcheur ;
> A peine une fleur isolée
> Penche-t-elle un front sans couleur
> Dans la solitaire vallée ;
> Une obscure et triste vapeur
> Voile nos rives désolées,
> Et, sur les forêts ébranlées,
> Les vents soufflent avec fureur.
> Ah ! dans ces forêts sans ombrage
> Le long des coteaux défleuris,
> Le soir, au bruit sourd de l'orage,
> Marchant sur de tristes débris,
> J'irai voir le dernier feuillage
> Tomber sur les gazons flétris.

Cédant à la mélancolie,
Là, des amis que j'ai perdus
J'appellerai l'ombre chérie ;
Et, les sens doucement émus,
Je laisserai couler ma vie
En occupant ma rêverie
Des temps où je ne serai plus[47].

CORMIER

Prudence.

Chaque arbre, chaque plante, a une physionomie qui lui est propre, et qui semble lui donner un caractère. L'amandier étourdi se presse de donner ses fleurs au printemps, au risque de n'avoir point de fruits pour l'automne, tandis que le cormier, qui s'élève lentement, ne porte ses fruits que quand il a acquis toute sa force ; mais alors sa récolte est assurée. Voilà pourquoi on en fait l'emblème de la prudence. Cet arbre, si beau, si durable, garde tout l'hiver ses fruits d'un rouge éclatant, on les voit briller au milieu des neiges, c'est une moisson qui ne se récolte qu'en hiver, et que la Providence a réservée aux petits oiseaux.

---

47. Aimé Martin, *Lettres à Sophie*, t. Ier.

GUI COMMUN

Je surmonte tout.

Le gui est un petit arbuste qui croît au sommet des plus grands arbres ; le chêne superbe devient son esclave, et le nourrit de sa propre substance. Les druides avaient une espèce d'adoration pour une faiblesse si supérieure à la force ; le tyran du chêne leur paraissait également redoutable aux hommes et aux dieux. Voici ce qu'ils contaient pour appuyer cette opinion : un jour Balder dit à sa mère Friga qu'il avait songé qu'il mourrait. Friga conjura le feu, les métaux, les maladies, l'eau, les animaux, les serpents, de ne faire aucun mal à son fils, et les conjurations de Friga étaient si puissantes, que rien ne pouvait leur résister. Balder allait donc dans les combats des dieux, au milieu des traits, sans rien craindre. Loke, son ennemi, voulut en savoir la raison ; il prit la forme d'une vieille, et vint trouver Friga. Il lui dit : « Dans les combats, les traits et les rochers tombent sur votre fils Balder sans lui faire de mal. — Je le crois bien, dit Friga ; toutes ces choses me l'ont juré ; il n'y a rien dans la nature qui puisse l'offenser : j'ai obtenu cette grâce de tout ce qui a quelque puissance ; il n'y a qu'un petit arbuste à qui je ne l'ai pas demandée, parce qu'il m'a paru trop faible ; il était sur l'écorce du chêne, à peine avait-il une racine ; il vivait sans terre ; il s'appelle *mistiltein*. C'était le gui. » Ainsi parla Friga. Loke aussitôt courut chercher cet arbuste ; et, venant à l'assemblée des dieux pendant qu'ils combattaient contre l'invulnérable Balder, car leurs jeux sont des combats, il s'approcha de l'aveugle Heder : « Pourquoi, lui dit-il, ne lances-tu pas aussi des traits à Balder ? — Je suis aveugle, répondit Heder, et je n'ai point d'armes. » Loke lui présente le gui de chêne et lui dit : « Balder est devant toi. » L'aveugle Heder lance le gui ; Balder tombe percé et sans vie. Ainsi le fils invulnérable d'une déesse fut tué par une branche de gui lancée par un aveugle. Telle est l'origine du respect porté dans les Gaules à cet arbrisseau.

UN BRIN DE MOUSSE
Amour maternel.

J.J. Rousseau, si longtemps tourmenté par ses passions, et persécuté par celles des autres hommes, consola les dernières années de sa vie par l'étude de la nature ; il n'interrogeait, il n'aimait plus qu'elle, et son goût pour la botanique adoucissait tous ses maux et calmait toutes ses douleurs ; l'étude des mousses surtout avait des charmes pour lui. « Ce sont elles, disait-il souvent, qui rendent à nos campagnes un air de jeunesse et de fraîcheur ; elles embellissent la nature au moment où les fleurs ont disparu, et où leurs tiges flétries se confondent avec la poussière de nos champs. » Effectivement, c'est en hiver que les mousses offrent aux yeux du botaniste leur vert d'émeraude, leurs noces secrètes, et les charmants mystères des urnes et des amphores qui renferment leur postérité.

Semblables à ces amis qui ne se rebutent ni du malheur, ni même de l'ingratitude, les mousses, bannies des champs cultivés, s'avancent vers les terrains arides et incultes, pour les couvrir de leur propre substance, qui se change peu à peu en une terre féconde ; elles s'étendent dans les marécages, et les transforment bientôt en utiles et riantes prairies. L'hiver, lorsque rien ne végète plus, ce sont elles qui se chargent de l'hydrogène et du carbone qui vicient l'air que nous respirons, pour nous le rendre chargé de l'oxygène qui l'épure ; l'été, elles forment, à l'ombre des forêts, des gazons où le berger, l'amant et le poëte aiment à se reposer ; les petits oiseaux en tapissent les nids qu'ils préparent à leurs naissantes familles, et l'écureuil en construit sa demeure. Que dis-je ? sans ces plantes, si méprisées des hommes, une partie de notre globe serait inhabitable.

Aux confins du monde, les Lapons couvrent de mousses les souterrains où, rassemblés en familles, ils bravent les plus longs hivers ; leurs nombreux troupeaux de rennes ne connaissent point d'autre nourriture ; cependant ils donnent à leurs maîtres de délicieux laitages, une chair succulente et de chaudes fourrures : réunissant ainsi, pour le pauvre Lapon, tous les avantages que nous présentent séparément la vache, le cheval et la brebis. Les Lapons, réunis autour de vastes poêles, célèbrent, au bruit de leurs tambours magiques, les aurores boréales qui éclairent leurs longues nuits ; ils chantent les vertus de leurs pères ou leurs propres exploits, tandis que leurs femmes, assises auprès d'eux, réchauffent, dans des berceaux de mousses, leurs petits enfants enveloppés d'hermine.

Peuple fortuné, vous ignorez nos guerres, nos fêtes, nos procès et nos longues misères ! chaque jour, dans votre heu-

reuse ignorance, vous remerciez les dieux de vous avoir fait
naître dans la plus belle des contrées, de vous avoir donné
des mœurs pures, un air léger et des mousses parfumées.
La nature, bienfaisante dans ces tristes climats, enveloppe
de mousse tout ce qui végète et tout ce qui respire, comme
d'une toison végétale propre à préserver des frimas ses
enfants malheureux, et à les réchauffer sur son sein maternel.

LES COURONNES
Emblèmes des fleurs chez les différents peuples.

Aussitôt qu'il y a eu sur la terre une famille, une prairie,
un arbre, un ruisseau, on a aimé les fleurs. Les peuples de
l'Orient, qui semblent être les hommes primitifs, n'imaginent
rien de plus doux que de vivre éternellement dans un jardin
délicieux, entourés de belles femmes et couchés sur des fleurs ;
les femmes elles-mêmes, dans ces voluptueuses contrées,
ne sont regardées que comme d'aimables fleurs faites pour
embellir la vie, et non pas pour en partager les soins. On
cultive la beauté dans les sérails de l'Asie, comme une rose
dans un parterre, et on n'exige des femmes que d'être belles
comme une rose. Les peuples religieux qui habitent les bords
de l'Indus et qui boivent les eaux du Gange regardent certaines fleurs, qu'ils ne cueillent jamais, comme les demeures
passagères des nymphes et des sylphides. Le soin d'arroser
ces plantes de prédilection est confié aux bramines encore
vierges. Elles s'occupent aussi à en tresser d'autres pour la

décoration des temples et pour leurs propres parures. Les jeunes bayadères couvrent leurs têtes de l'immense corolle de l'aristoloche ; elles ont des colliers de fleurs de mougris et des ceintures de fleurs de frangipanier. Dans la somptueuse Égypte, on porta cette passion si loin, qu'Amasis, de simple particulier, devint général des armées du roi Partanis, pour lui avoir présenté un chapeau de fleurs. Plus tard, ce même Amasis s'assit sur le trône d'Égypte ; ainsi un trône fut le prix d'une simple guirlande. Les Grecs, disciples des Égyptiens, se livrèrent au même goût. A Athènes, on portait tous les jours au marché des corbeilles qui étaient enlevées à l'instant. C'est là que l'on voit s'engager un combat charmant entre Pausias, célèbre peintre de Sicyone, et la bouquetière Glycéra, sa maîtresse ; c'était, dit Pline, un grand plaisir de voir combattre l'ouvrage naturel de Glycéra contre l'art de Pausias, qui finit par la peindre elle-même, assise en faisant un chapeau de fleurs. Les fleurs étaient non-seulement alors, comme aujourd'hui, l'ornement des autels et la parure de la beauté ; mais les jeunes gens s'en couronnaient dans les jeux, les prêtres dans les cérémonies, les convives dans les festins ; des faisceaux et des guirlandes étaient suspendus aux portes dans les circonstances heureuses ; et, ce qui est plus remarquable et plus étranger à nos mœurs, les philosophes eux-mêmes portaient des couronnes, et les guerriers en paraient leurs fronts dans les jours de triomphe ; car les couronnes devinrent bientôt le prix et la récompense du talent, de la vertu et des grandes actions. Le temps, qui a détruit les empires, n'a point détruit ce langage emblématique, il est venu jusqu'à nous avec toute son expression ; les couronnes de chêne, de myrte, de rose, de laurier, sont encore destinées aux guerriers, aux poëtes et aux amours. Les fleurs consacrées aux dieux étaient les symboles de leur caractère et de leur puissance. Le lis superbe appartenait à Junon, le pavot à Cérès, l'asphodèle aux Mânes, la jacinthe et le laurier à Apollon, l'olivier à Minerve, le lierre à Bacchus, le peuplier à Hercule, le cyprès à Pluton, le chêne à Jupiter. La signification, le goût et l'usage des fleurs passèrent des Grecs chez les Romains, qui portèrent ce luxe jusqu'à la folie ; on les voyait changer trois fois de couronnes dans un seul repas ; ils disaient qu'un chapeau de roses rafraîchissait la tête et préservait des fumées du vin ; mais bien-tôt, voulant jouir d'une double ivresse, ils entassèrent des fleurs autour d'eux, de façon à produire l'effet qu'elles étaient destinées à prévenir. Héliogabale faisait joncher des fleurs les plus rares ses lits, ses appartements et ses portiques, et, bien avant lui, on avait entendu Cicéron reprocher à Verrès d'avoir parcouru la Sicile dans une litière, assis sur des roses, ayant une couronne de fleurs sur sa tête et une autre à son cou.

Au moyen âge, la culture des fleurs fut abandonnée. Dans les temps de dévastations et de barbarie, la terre semble resserrer son sein et n'accorder qu'à regret aux hommes cruels une subsistance mal assurée. Le goût des fleurs prit naissance parmi nous avec celui de la galanterie ; le règne de la beauté fut aussi celui des fleurs ; tout alors prit une expression, et la composition d'un bouquet ne fut plus une chose indifférente ; chaque fleur avait sa signification.

Un chevalier partait-il pour une expédition lointaine, son chapel, formé de giroflées de Mahon et de fleurs de cerisier, semblait dire à sa belle : « Ayez de moi souvenance, et ne m'oubliez pas. » Avait-on fait choix d'une dame, et lui avait-on demandé l'honneur de la servir, la jeune beauté, se montrant parée d'une couronne de blanches marguerites, était censée répondre : « J'y penserai. » Voulait-elle le bonheur de son amant, elle préparait la couronne de roses blanches, qui signifiait le doux : *Je vous aime !* Mais, si les vœux étaient rejetés, la fleur de dents-de-lion indiquait qu'on avait donné son cœur, que le requérant d'amoureuse merci ne devait conserver aucune espérance, et qu'il employait mal son temps. Les feuilles de laurier peignaient la félicité assurée ; le lis des vallées ou le glaïeul, la noblesse et la pureté des actions et de la conduite ; de petites branches d'if annonçaient un bon ménage, et le bouquet de basilic indiquait qu'on était fâché et même brouillé. Dans ce bon temps, l'amour armé d'un bouquet pouvait tout oser, une fleur dans sa main exprimait bien souvent plus que n'oserait dire le billet le plus tendre.

Les Turcs, comme tous les Orientaux, se servent du langage des fleurs ; mais ils l'ont corrompu en mêlant à leur signification celle des rubans, des étoffes et de mille autres choses ; cependant ils ont conservé le goût le plus vif pour les fleurs, et, malgré leur avarice naturelle, ils dépensent souvent plus pour un bouquet que pour un diamant. La fête des tulipes est chez eux d'une telle magnificence, que sa description paraîtrait merveilleuse dans les merveilleuses pages des *Mille et Une Nuits*.

La découverte du nouveau monde, les voyageurs, les savants et d'habiles cultivateurs, ont tellement multiplié les fleurs dans nos jardins, que le plus modeste de nos parterres brille, surtout en automne, des tributs de toute la terre. Chaque fleur nous apporte avec un plaisir une expression nouvelle. Nous avons tâché d'en fixer quelques-unes en cherchant dans la nature de chaque plante un rapport avec nos affections morales. La poésie des anciens offre de toutes parts ces heureux rapprochements ; nous leur devons encore nos plus douces images, nos plus aimables comparaisons. Il ne faut donc que donner une âme aux fleurs pour que leur langage, en s'étendant de proche en proche, devienne un jour la langue universelle. Les couronnes des anciens seront pour nous les premiers caractères de ce langage aimable ; nous en avons emprunté d'autres aux peuples de l'Orient, qui nous en ont offert les types dans leurs plus belles fleurs, et nous-même en avons choisi dans ce livre immense dont les feuillets sont répandus par toute la terre.

BUIS.
Persévérance.
GUI.
Je surmonte tout.

BOIS GENTIL.
Désir de plaire.
ÉPINE NOIRE.
Obstacle.

*La persévérance et le désir de plaire
surmontent tous les obstacles.*

JANVIER

DU LANGAGE DES COULEURS

uisque le dieu du jour en ses douze voyages
Habite tristement sa maison du Verseau,
Que les monts sont encore assiégés des orages,
Et que nos prés riants sont engloutis sous
l'eau,

en un mot, puisque les mois d'hiver
nous offrent à peine quelques fleurs
décolorées, il faut y suppléer, en rappelant l'usage que nos
bons aïeux savaient faire des couleurs.

Dans ces temps heureux de la chevalerie, où la beauté
distribuait des couronnes, où toutes les fêtes étaient des jeux
guerriers, où tous les jeux étaient un hommage rendu à la
gloire et aux dames, on sentit la nécessité de créer un nouveau
langage, qui pût, en ne parlant qu'aux yeux, rappeler des
sentiments que la bouche n'osait exprimer. Telle fut l'ori-

gine de cette ingénieuse union des devises et des couleurs qui distinguaient les chevaliers. Qu'un amant dés-espéré se présentât dans la lice, il prouvait son amour par des prodiges de valeur ; mais le gonfalon et l'écharpe, mêlés de rouge et de violet, annonçaient le trouble de son âme ; que si, après la victoire, la dame de ses pensées était décidée à mettre fin à ses tourments, elle paraissait le lendemain avec le vert de l'épine blanche, liée de rubans incarnats, qui signifiaient l'*espérance en amour*.

La cotte d'armes, teinte d'un gris roussâtre, indiquait le chevalier que la gloire éloignait de plus doux combats. Le jaune, uni au vert et au violet, témoignait qu'on avait tout obtenu de la beauté aimée, et ne devait jamais se rencontrer chez le guerrier modeste.

Mais nos pères allaient encore plus loin, et l'art de faire parler les couleurs avait été porté à un si haut point de perfection, qu'on avait été jusqu'à composer un habit moral de l'homme et de la femme, dont nous rappellerons ici quelques traits, d'après un livre gothique aussi curieux que singulier[48].

---

48. Le *Langage des couleurs en armes, livrées, devises,* livre très-utile et subtil pour savoir et connoître de chaque couleur, propriété et vertu. On le vend à Lyon, près Notre-Dame-de-Montfort, chez Olivier Arnoulet. 1 petit volume in-18, gothique, sans date.

HABIT MORAL DE L'HOMME
SELON LES COULEURS

« Et, premièrement, la toque ou bonnet doit être d'écarlate, qui signifie prudence ; le chapeau doit être de couleur perse, qui démontre science, en signe que science vient de Dieu qui est au ciel, lequel ciel est couleur perse ; et, par ainsi, science sera près de prudence. Le pourpoint sera noir, qui signifie magnanimité de courage, qui doit enclore le cœur et le corps de l'homme ; les gants seront jaunes, ce qui dénote libéralité et jouissance ; la ceinture doit être violette, qui signifie amour et courtoisie ; la saie sera de tanne obscure, qui signifie douleur et tristesse, desquelles nous sommes toujours vêtus. »

HABIT MORAL D'UNE DAME
SELON LES COULEURS

« Et, tout premièrement, dame ou damoiselle doit avoir ses pantoufles de couleur noire, qui dénote simplicité ; ce qui démontre aux dames qu'elles doivent marcher en toute simplicité et non en orgueil. Et, en après, la dame, de quelque état qu'elle soit, doit porter les jarretières, qui seront de blanc et noir, dénotant ferme propos de persévérer en vertu, et ainsi que le blanc et noir, jamais ne changent naturellement. Après ces choses, la cotte doit être d'un damas blanc, qui démontre l'honnêteté et chasteté qui doivent être en une dame ; *idem*, doit être la pièce de devant soit de couleur cramoisie, qui sera appelée la pièce des bonnes pensées ardentes envers Dieu.

« Enfin, la robe pour une grande dame doit être de drap d'or, qui représente beau maintien ; car, tout ainsi que l'or plaît à la vue des gens, à soi pareillement le beau maintien d'une dame est cause qu'elle est prisée et regardée. »

Voilà des vêtements dont la morale est parfaite ; mais notre siècle les trouvera-t-il assez galants ? n'inspireront-ils aucun effroi à nos belles ? en un mot, la mode osera-t-elle jamais leur présenter des habits qui les environneraient de tant de vertus sévères ? Voilà ce que nous n'osons dire. Il y a bien longtemps qu'on vante la bonhomie de nos pères, et cependant nous n'avons point encore vu qu'on se soit empressé de l'imiter.

Nous ne donnerons donc pas plus de détail à cet article, dans lequel il sera facile de trouver la signification des principales couleurs.

IBÉRIDE DE PERSE, THLASPI VIVACE
Indifférence.

Vois comme au printemps tout sourit :
Les grâces font fleurir la rose ;
L'air se tait, le flot s'assoupit
Et sur le sein des mers repose.
Dans ce cristal brillant et pur

Déjà le cygne plonge et nage,
Tandis que l'oiseau de passage
Fend lentement un ciel d'azur ;
Du jour plus douce est la lumière ;
Les sombres nuages ont fui,
Des trésors qu'enferme la terre
Le germe s'est épanoui ;
Sur les rameaux, sous le feuillage,
Partout naît le fruit ou la fleur,
La vigne a repris son ombrage,
L'olivier son fruit, sa fraîcheur[49].

Cette belle saison, qui anime tout dans la nature, et qui inspira au poëte des amours des chants si doux, semble passer en vain pour la froide ibéride ; cette plante, dans tous les temps, nous présente son vert feuillage et ses corymbes blancs et inodores ; souvent, pour recueillir ses graines, la main du jardinier arrache le voile fleuri qui persiste à les couvrir. Ainsi le printemps et l'amour passent sans embellir cette insensible. La maternité arrive sans la flétrir ; elle conserve sa parure jusque dans la décrépitude ; et, si son éclat nous rappelle celui des autres fleurs, c'est bien moins pour nous consoler de leur absence que pour nous faire regretter leurs grâces et leurs doux parfums.

C'est sans doute à cause de son aspect monotone, toujours le même, que les femmes de l'Orient, qui ont inventé l'ingénieux langage des fleurs, ont fait de l'ibéride de Perse le symbole de l'indifférence.

---

49. Anacréon, traduction de Saint-Victor.

VIORNE-LAURIER-TIN
Je meurs si on me néglige.

Ce joli arbuste, qui nous vient d'Espagne, fait l'ornement des bosquets d'hiver ; il se montre tout éclatant de verdure et de fleurs au temps où les autres fleurs en sont dépouillées.

Ni le souffle brûlant de l'été ni la froide bise de l'hiver ne lui dérobent ses charmes ; cependant, pour le conserver, il faut lui accorder des soins assidus. Symbole d'une amitié constante et délicate, on dirait qu'il cherche toujours à plaire ; mais il meurt si on le néglige.

LAURIER FRANC
Gloire.

J'ai vu en Italie, dans l'*Isola Bella*, des lauriers grands comme des chênes. Sur l'écorce d'un de ces lauriers, on lisait : *Marengo*. Ce mot avait été tracé, par Bonaparte, un soir, à son passage, lorsqu'il allait rejoindre son armée. Personne alors n'eût deviné que l'illustre guerrier marquait ainsi d'avance le champ de sa victoire. Sous ce laurier, Bonaparte rêva l'empire du monde. Oh ! grandeur ! oh ! misère ! le mot avait duré plus que cet empire, plus que ce héros ! On le déchiffrait encore en 1816, mais il allait bientôt disparaître en grandissant, comme le héros qui l'avait tracé, et qui ne fut jamais plus grand qu'à Sainte-Hélène !

Les Grecs et les Romains consacrèrent des couronnes de laurier à tous les genres de gloire. Ils en ornèrent le front des guerriers et des poëtes, des orateurs et des philosophes, des vestales et des empereurs. Ce bel arbuste croît en abondance dans l'île de Delphes, sur les bords du fleuve Pénée. Là, ses rameaux aromatiques et toujours verts s'élancent à la hauteur des plus grands arbres ; et on prétend que, par une vertu secrète, ils éloignent la foudre des rives qu'ils enchantent.

La belle Daphné était fille du fleuve Pénée ; elle fut aimée d'Apollon, mais, préférant la vertu à l'amour du plus éloquent des dieux, dans la crainte d'être séduite en l'écoutant, elle s'enfuit ; Apollon la poursuivit ; et, comme il allait l'atteindre, la nymphe invoqua son père, et fut changée en laurier. Son amant, ne pressant plus dans ses bras qu'une insensible écorce, fit entendre cette triste plainte :

> Puisque du ciel la volupté jalouse
> Ne permet pas que tu sois mon épouse,
> Sois mon arbre du moins ; que ton feuillage heureux
> Enlace mon carquois, mon arc et mes cheveux ;
> Aux murs du Capitole, à ces brillantes fêtes
> Où Rome étalera ses nombreuses conquêtes,
> Tu seras des vainqueurs l'ornement et le prix.
> Tes rameaux respectés, des foudres ennemis.
> Du palais des Césars protégeront l'entrée ;
> Et, comme de mon front la jeunesse sacrée
> N'éprouvera jamais les injures du temps,
> Que ta feuille conserve un éternel printemps[50].

50. M. de Saint-Ange, *Métamorphoses d'Ovide…*

UNE BRANCHE DE HOUX
Prévoyance.

La prévoyance de la nature se montre d'une manière bien admirable dans cette belle plante. Les grands houx qui croissent en abondance dans la forêt de Needwood portent une ceinture de feuilles hérissées d'épines qui s'élève à huit ou dix pieds de hauteur ; à cette hauteur ces feuilles cessent d'être une défense ; elles deviennent douces et unies : la plante n'a plus besoin de s'armer contre des ennemis qui ne peuvent plus l'atteindre. Cet arbre, du vert le plus éclatant, est la dernière parure de nos forêts dépouillées par les hivers ; ses baies servent de nourriture aux petits oiseaux qui ne quittent pas nos climats ; il leur prête aussi son feuillage, qui est comme un toit hospitalier préparé dans la mauvaise saison pour les recevoir. Les daims et les cerfs même viennent y chercher un abri ; ils se cachent derrière les neiges qui s'amoncellent autour de lui, en glissant sur ses feuilles, disposées comme les tuiles d'un pavillon chinois, dont cet arbre affecte la forme élégante et pyramidale.

Ne semble-t-il pas que la nature, par une tendre prévoyance, ait pris soin de conserver toute l'année la verdure de ce bel arbre, et de l'armer d'épines, pour servir aux besoins et à la défense des êtres innocents qui viennent y chercher un refuge ? C'est un ami que sa main puissante leur conserve pour le temps où tout semble l'abandonner.

LAURÉOLE FEMELLE, OU BOIS-GENTIL
Coquetterie, désir de plaire.

La tige de la lauréole femelle, ou bois-gentil, est recouverte d'une écorce sèche qui lui donne l'apparence du bois mort. La nature, pour cacher sa difformité, a environné chacun de ses rameaux d'une guirlande de fleurs purpurines, qui se déroule en spirale et se termine par une petite touffe de feuilles qui affecte la forme d'une pomme de pin.

Un parfum indéfinissable, exquis et dangereux, s'échappe de ces tiges légères, qui souvent fleurissent vers la fin de janvier.

Cette plante apparaît au sein des neiges, revêtue de sa charmante parure ; on dirait une nymphe imprudente et coquette qui, à demi transie, se pare, au milieu de l'hiver, de sa robe de printemps.

PERCE-NEIGE
Consolation.

L'aquilon gémit, le givre surcharge les arbres dépouillés de verdure ; un tapis blanc, uniforme, couvre la terre ; les oiseaux se taisent, l'eau captive ne murmure plus ; les rayons pâles d'un soleil décoloré éclairent nos campagnes ; le cœur de l'homme s'attriste, il croit que tout est mort dans la nature.

Une fleur délicate apparaît tout à coup au milieu du voile de neige qui couvre nos champs ; elle montre à nos yeux surpris ses clochettes d'ivoire, qui portent dans leur sein un léger point de verdure, comme si elles avaient été marquées par l'espérance. En s'épanouissant sur la neige, cette aimable fleur semble sourire aux rigueurs de l'hiver, et nous dire : Je viens calmer vos alarmes ; je viens vous consoler de l'absence des beaux jours.

ALOÈS
Douleur, amertume.

L'aloès ne tient au sol que par de faibles racines, il aime à croître dans le désert ; sa saveur est très-acerbe. Ainsi la douleur nous éloigne du monde, nous détache de la terre, et remplit nos cœurs d'amertume. Ces plantes vivent presque entièrement d'air, elles affectent des formes singulières et bizarres. Le Vaillant en a trouvé plusieurs espèces très-multipliées dans les déserts de Namaquois ; les unes ont des feuilles de six pieds de longueur, elles sont épaisses et armées d'un long dard : du centre de ces feuilles s'élance une tige légère de la hauteur d'un arbre, toute garnie de fleurs ; d'autres s'élèvent comme des cactus, hérissées d'épines ; d'autres encore sont marbrées, et semblables à des serpents qui rampent sur la terre. Brydone a vu l'ancienne ville de Syracuse toute couverte de grands aloès en fleurs, leurs tiges élégantes donnaient au promontoire qui borde la côte l'aspect d'une forêt enchantée. Ces plantes réussissent très-bien dans nos jardins ; la collection du Muséum de Paris est la plus complète du monde. Ces végétaux magnifiques et monstrueux ont été donnés à l'Afrique barbare ; ils croissent dans les rochers, sur un sable aride, au milieu de cette atmosphère embrasée que respirent les tigres et les lions. Bénissons la nature amie qui, dans nos doux climats, élève de tous côtés, sur nos têtes, des berceaux de verdure, et étend sous nos pieds des tapis de safran, de violettes et de gracieuses marguerites.

AGNUS-CASTUS
Froideur, vivre sans aimer.

Dioscoride, Pline et Galien nous apprennent que les prêtresses de Cérès formaient leur couche virginale des rameaux odorants de cet arbrisseau, qui se couvre de longs épis de fleurs blanches, purpurines ou violettes, et qu'elles le regardaient comme le *palladium* de leur chasteté. Nos religieuses buvaient une eau distillée de ses rameaux, pour éloigner de leurs cellules solitaires les pensées terrestres. Plusieurs ordres de moines portaient habituellement un couteau dont le manche était fait du bois de l'agnus-castus, comme un moyen sûr de rendre leurs cœurs insensibles.

Ainsi ce joli arbuste a été de tout temps l'emblème de la froideur.

Février.

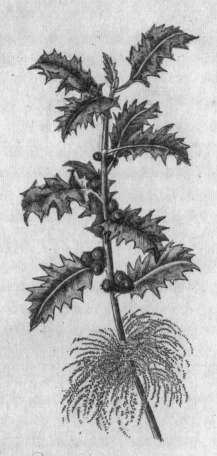

MOUSSE.

Amour maternel.

HOUX.

Prévoyance.

FÉVRIER

GENÉVRIER COMMUN
Asile, secours.

es anciens avaient consacré cet arbuste aux Euménides ; la fumée de ses rameaux verts était l'encens qu'ils offraient de préférence aux dieux infernaux ; on brûlait ses baies pendant les funérailles, pour en écarter les maléfices. Le simple villageois de nos campagnes croit encore que le parfum des grains de genièvre purifie l'air, et écarte les mauvais génies de son humble toit.

Les Anglais et les Chinois aiment à décorer leurs jardins de cet arbre sauvage, qui se panache quelquefois d'un jaune doré, mais qui se plie toujours difficilement à la culture ; libre, il aime à croître sur la lisière des forêts ; des êtres faibles et timides cherchent souvent un asile sous ses longues branches, qui couvrent le sol ; le lièvre aux abois vient avec confiance se blottir sous ses tiges, dont l'odeur forte met les chiens en défaut ; souvent la grive lui confie sa famille et s'engraisse de ses fruits, tandis que l'entomologiste vient étudier, autour de ses rameaux hérissés d'épines, mille insectes brillants, qui n'ont point d'autres défenses, et qui semblent deviner que cet arbre est destiné à protéger leur faiblesse.

IF
Tristesse.

Il y a dans les végétaux quelque chose qui nous appelle, nous attire ou nous repousse. L'if est, chez tous les peuples, l'emblème de la tristesse : un tronc dépouillé d'écorce, une verdure sombre, sur laquelle contraste durement un fruit rouge semblable à des gouttes de sang, tout avertit le voyageur de s'éloigner de son dangereux ombrage[51]. Cette arbre fait périr les plantes et épuise la terre qui le nourrit. Nos aïeux, guidés par un sentiment naturel, aimaient à le voir croître dans leurs cimetières ; ils destinaient son ombre à la mort et son bois à la guerre ; ce bois servait à faire des arcs, des lances et des arbalètes ; les Grecs l'employaient aux mêmes usages. Longtemps aussi il servit de parure à nos jardins, où on le tourmentait pour lui donner les formes les plus

---

51. Si l'on dort à l'ombre d'un if, la tête s'embarrasse, devient lourde, et bientôt on éprouve de violentes douleurs. Les branches d'if empoisonnent les ânes et les chevaux ; son suc est dangereux pour l'homme, et cependant ses fruits ne sont pas malfaisants, car les enfants en mangent impunément.

bizarres ; aujourd'hui sa culture est tout à fait abandonnée ; en Suisse, où il croît mal, les paysans ont une grande vénération pour lui ; ils l'appellent l'arc à Guillaume, et il est défendu de le dépouiller de ses branches. En Hollande, dans des jardins qui doivent tout à l'art, où tout est symétrie, où le sable même des allées est rangé par compartiments, on voit souvent s'élever, aux quatre coins d'un carré parfait, des vases, des pyramides, ou d'immenses boules d'if, qui rappellent les anciens chefs-d'œuvre de nos anciens jardiniers. Les Grecs, qui avaient des idées plus justes des véritables beautés de la nature, affectés comme nous du triste aspect de cet arbre, avaient imaginé que la malheureuse Smilax, qui vit son amour méprisé du jeune Crocus, était renfermée sous l'écorce d'un if. Dans ces beaux climats, toutes les plantes parlaient aux hommes des héros, des dieux ou de l'amour ; écoutons leurs voix, elles nous parleront aussi de la Providence, qui, après les avoir prodiguées à nos besoins, en réserve quelques-unes à nos plaisirs ou à nos ennuis ; cette mère attentive présente, parmi les végétaux, des hochets à notre enfance, des couronnes à notre jeunesse, à tous les âges des fruits exquis, des lits commodes et de délicieux ombrages. Sommes-nous mélancoliques, le saule nous appelle par de doux murmures ; amoureux, le myrte nous offre ses fleurs ; riches, le marronnier nous donne ses fastueux ombrages ; tristes, l'if vient s'offrir, il semble nous dire : Fuyez le chagrin, il dévaste le cœur comme je dévaste le terrain qui me nourrit ; la tristesse est aussi dangereuse à l'homme que mon ombre l'est aux voyageurs.

PETITE MARGUERITE
Innocence.

Malvina, penchée sur le tombeau de Fingal, pleurait le vaillant Oscar, et un fils d'Oscar, mort avant d'avoir vu le jour.

Les vierges de Morven, pour suspendre sa douleur, erraient souvent autour d'elle, en célébrant, par leurs chants, la mort du brave et celle du nouveau-né.

Le brave est tombé, disaient-elles ; il est tombé ! et le bruit de ses armes a retenti dans la plaine ; la maladie, qui ôte le courage ; la vieillesse, qui déshonore les héros, ne sauraient plus l'atteindre ; il est tombé ! et le bruit de ses armes a retenti dans la plaine.

Reçu dans le palais des nuages où habitent ses ancêtres, il boit avec eux la coupe de l'immortalité. O fille d'Oscar ! sèche les larmes de ta douleur ; le brave est tombé ! il est tombé ! et bruit de ses armes a retenti dans la plaine.

Puis, d'une voix plus douce, elles lui disaient encore : L'enfant, qui n'a pas vu la lumière, n'a pas vu l'amertume de la vie ; sa jeune âme, portée sur des ailes brillantes, arrive avec la diligente aurore dans le palais du jour. Les âmes des enfants qui ont, ainsi que lui, rompu sans douleur les entraves de la vie, penchées sur des nuages d'or, se présentent et lui ouvrent les portes mystérieuses de l'atelier des fleurs. Là, cette troupe innocente, ignorant le mal, s'occupe éternelle-ment à renfermer dans d'imperceptibles germes les fleurs que chaque printemps doit faire éclore : tous les matins, cette jeune milice vient répandre ces germes sur la terre avec les pleurs de l'aurore ; des millions de mains délicates renferment la rose dans son bouton, le grain de blé dans ses enveloppes, les vastes rameaux d'un chêne dans un seul gland, et, quelquefois, une forêt entière dans une semence invisible.

Nous l'avons vu, ô Malvina, nous l'avons vu, l'enfant que tu regrettes, bercé sur un léger brouillard ; il s'est approché de nous, et a versé sur nos champs une moisson de fleurs nouvelles. Regarde, Malvina ! parmi ces fleurs, on en distingue une au disque d'or, environnée de lames d'argent ; une douce nuance de pourpre embellit ses rayons délicats ; balancée dans l'herbe par une brise légère, on dirait un petit enfant qui se joue dans la verte prairie. Sèche tes larmes, ô Malvina ! le brave est mort couvert de ses armes, et la fleur de ton sein a donné une fleur nouvelle aux collines du Cromla.

La douceur de ces chants suspendit la douleur de Malvina ; elle prit sa harpe d'or, et répéta l'hymne du nouveau-né.

Depuis ce jour, les filles de Morven ont consacré la petite marguerite à la première enfance. C'est, disent-elles, la fleur de l'innocence, la fleur du nouveau-né.

COUDRIER
Paix, réconciliation.

Il fut un temps où aucun lien n'unissait les hommes entre eux ; sourds aux cris de la nature, l'amant abandonnait sa maîtresse en sortant de ses bras ; la mère arrachait à son fils expirant un fruit sauvage dont il voulait apaiser sa faim. Le malheur les réunissait-il un moment, soudain la vue d'un chêne chargé de glands, ou d'un hêtre couvert de faînes, les rendait ennemis. Alors la terre était remplie de deuil. Il n'y avait ni loi, ni religion, ni langage : l'homme ignorait son génie ; sa raison sommeillait, et souvent on le vit plus cruel que les bêtes féroces, dont il imitait les affreux hurlements.

Les dieux eurent pitié des humains ; Apollon et Mercure se firent des présents et descendirent sur la terre. Le dieu de l'harmonie reçut du fils de Maïa une écaille de tortue dont il avait fait une lyre, et lui donna en échange une verge de coudrier, qui avait la puissance de faire aimer la vertu, et de rapprocher les cœurs divisés par la haine et l'envie ; ainsi armés, les deux fils de Jupiter se présentent aux hommes. Apollon chante d'abord la sagesse éternelle qui a créé l'univers ; il dit comment les éléments furent produits, comment l'amour unit d'un doux lien toutes les parties de la nature ; et enfin comment les hommes doivent apaiser, par des prières, le courroux des dieux : à sa voix, vous eussiez vu les mères pâles et tremblantes s'avancer, tenant leurs petits enfants entre leurs bras ; la faim fut suspendue, la vengeance s'enfuit de tous les cœurs. Alors Mercure toucha les hommes de la baguette que lui avait donnée Apollon. Il leur délia la langue, et leur apprit à peindre la pensée par des paroles. Ensuite il leur enseigna que l'union fait la force, et qu'on ne peut rien tirer de la terre sans un mutuel secours. La piété filiale, l'amour de la patrie, naquirent à sa voix pour unir le genre humain ; et il fit du commerce le lien du monde. Sa dernière pensée fut la plus sublime, car elle fut consacrée aux dieux, et il apprit aux hommes à s'élancer jusqu'à eux par l'amour et la bienfaisance.

Ornée de deux ailes légères, environnée de serpents, la baguette de coudrier, donnée au dieu de l'éloquence par le dieu de l'harmonie, est encore, sous le nom de caducée, le symbole de la paix, du commerce et de la réconciliation.

VIOLETTE
Modestie.

J'avais quinze ans, une langueur inexprimable s'empara tout à coup de mes sens. Je pleurais sans chagrin, je riais sans joie ; et, comme effrayée de la vie, un désir secret de mourir me poursuivait sans cesse. Des yeux abattus, des couleurs effacées, une démarche chancelante, une voix affaiblie, portaient la douleur et l'effroi dans l'âme de ma tendre mère ; ses soins ne pouvaient plus me ranimer ; baignée de ses larmes, penchée sur son sein, mes mains pressées dans les siennes, je l'entendais se plaindre de mes douleurs. J'essayais de sourire pour la rassurer, mais je ne ressentais pas l'espérance que je voulais lui inspirer. Depuis que cet état durait, les arbres avaient perdu leurs feuilles, et l'hiver dans toute sa rigueur régnait dans nos champs. Assise auprès d'un feu pétillant, sa chaleur me dévorait, et la moindre impression du froid me faisait transir. Chaque soir, fatiguée de moi-même, je m'endormais sans espoir de revoir le lendemain.

Cependant, une nuit, il m'en souvient, c'était celle du 10 février 18.., il me sembla tout à coup qu'un rayon de soleil était tombé sur ma tête, qu'il m'avait pénétrée d'une bienfaisante chaleur, et qu'une voix douce et tendre m'invitait à vivre. Ranimée par ce songe, je m'éveille : le ciel était pur, les premiers rayons du jour doraient mes fenêtres ; je passe une robe à la hâte, et je m'avance, à travers les neiges, vers la vaste forêt qui couronne les hauteurs de notre habitation. Arrivée dans cette solitude, épuisée de fatigue, je m'appuyai contre un chêne, et je cherchai des yeux les superbes prairies qu'arrose la Meuse, et le vallon fleuri où, le printemps dernier, j'avais encore partagé les jeux de mes folâtres compagnes ; tout avait disparu : la Meuse couvrait la campagne de ses eaux débordées. Triste, j'allais reprendre le chemin de la maison, quand un rayon de soleil vient frapper le tronc moussu du chêne contre lequel j'étais appuyée : aussitôt j'aperçois à mes pieds un petit tapis de verdure, et je me sens environnée des plus doux parfums. O surprise ! vingt touffes de violettes toutes couvertes de fleurs se présentent à mes yeux ! Je ne puis dire ce que j'éprouvai alors ; un doux ravissement pénétra tous mes sens : non, jamais ces fleurs ne m'avaient paru si fraîches ! elles s'élevaient sur le gazon comme sur un autel de verdure. Ces parfums suaves, la pureté de ce rayon de soleil, ce vaste tapis de neige qui s'étendait au loin et qui semblait avoir respecté ces lieux ; le chêne qui protégeait, qui couronnait de son feuillage bronzé ce tableau du printemps, tout me remplissait d'une émotion semblable à celle de l'amour. Alors le bonheur qui

Camélia cinéraire

m'avait été promis en songe circula dans mes veines, et je crus respirer en un instant toutes les fleurs du printemps, tous les plaisirs de la jeunesse. Mais à ce sentiment si pur et si vif il en a succédé un de douleur : je n'avais pas une amie qui pût sentir et partager mon innocente joie. Cependant je cueillis un bouquet de ces violettes, je l'enfermai dans mon sein, et je me dis : Aimables fleurs, je vous consacre à l'amie que j'aurai. Que la violette soit donc ta fleur chérie, Élisa, toi dont l'amitié, mille fois plus douce que ces parfums, a ranimé mon âme dégoûtée du monde à vingt ans, comme à quinze elle l'était de la vie ! Que la violette soit ta fleur, mon unique amie ! car elle est aussi l'emblème de la modestie.

> L'obscure violette, amante des gazons,
> Aux pleurs de la rosée entremêlant ses dons,
> Semble vouloir cacher, sous leurs voiles propices,
> D'un prodigue parfum les discrètes délices :
> C'est l'emblème d'un cœur qui répand en secret
> Sur le malheur timide un modeste bienfait[52].

ROSE DE GUELDRE, OU BOULE-DE-NEIGE
Bonne nouvelle.

Il y a quelques années, en parcourant une des plus riantes contrées de la Suisse allemande, j'entendis raconter cette gracieuse légende :

52. M. Boisjolin.

Une jeune fille, à peine âgée de quinze ans, venait de mourir. Son âme errait autour de sa demeure. Elle ne pouvait se décider à quitter, même pour le ciel, les champs qu'elle avait tant aimés. Tout à coup son ange gardien lui apparaît ; heureux de combler ses désirs, il lui demande en quelle fleur elle veut être transformée : « Vois, lui dit-il, tu habiteras le jardin ou la prairie ! » Et, passant en revue toutes les fleurs de la contrée : « Veux-tu être tulipe ? — Non, lui dit-elle, car la tulipe est sans parfum. — Un lis ? — Il s'élève trop au-dessus des autres fleurs. — Une rose ? — Elle a des épines qui blessent. — Un brillant camellia ? — Non, non, reprit soudain la jeune fille ; et, s'il m'était permis de choisir, je voudrais être une rose de gueldre[53] — Quoi ! dit l'ange étonné, tu veux fleurir quand toute la nature est morte ! Crains les vents glacés et l'hiver, ils te frapperont, et tu mourras sans avoir connu les caresses du zéphyr ! — Soit, dit la jeune fille, je ne vivrai qu'un jour, mais dans ce jour j'annoncerai le printemps ! »

Un poëte aimable aurait pu dire avec des fleurs ce qu'il a si gracieusement exprimé dans les vers qui suivent :

> Aimer est un plaisir charmant,
> C'est un bonheur qui nous enivre
> Et qui produit l'enchantement.
> Avoir aimé, c'est ne plus vivre ;
> Hélas ! c'est avoir acheté
> Cette accablante vérité,
> Que les serments sont un mensonge,

53. Vulgairement la Boule-de-Neige.

Que l'amour trompe tôt ou tard,
Que l'innocence n'est qu'un art,
Et que le bonheur n'est qu'un songe[54]

54. Le chevalier de Parny.

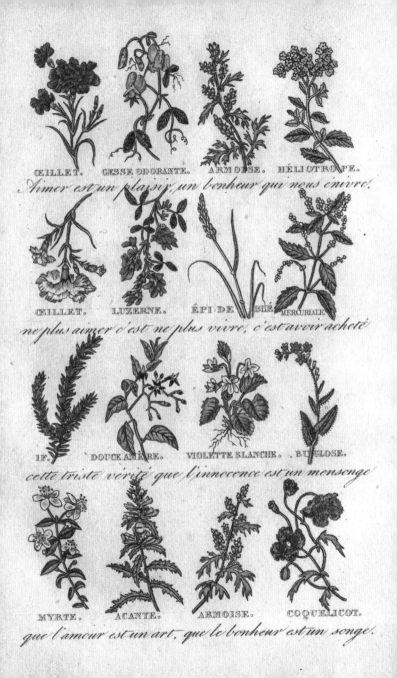

ŒILLET.   GESSE ODORANTE.   ARMOISE.   HÉLIOTROPE.

Aimer est un plaisir, un bonheur qui nous enivre,

ŒILLET.   LUZERNE.   ÉPI DE BLÉ   MERCURIALE.

ne plus aimer c'est ne plus vivre, c'est avoir acheté

IF.   DOUCE AMÈRE.   VIOLETTE BLANCHE.   BUGLOSE.

cette triste vérité que l'innocence est un mensonge

MYRTE.   ACANTE.   ARMOISE.   COQUELICOT.

que l'amour est un art, que le bonheur est un songe.

Langage allégorique

Les indices ou signaux suivants sont adoptés par une espèce de convention tacite dans plusieurs villes en Angleterre.

Si un homme veut se marier, il porte une bague à l'index de la main gauche ; s'il a pris des engagements, il la porte au second doigt ; s'il est marié, au troisième doigt, et, s'il ne veut pas se marier, au petit doigt. Lorsqu'une dame est libre, elle porte une bague au premier doigt ; lorsqu'elle est engagée, elle la porte au second doigt ; lorsqu'elle est mariée, au troisième ; et, lorsqu'elle ne veut pas se marier, au quatrième. Si un homme présente à une dame, de la main gauche, une fleur, un éventail ou un colifichet, c'est de sa part une déclaration d'estime ; si elle le prend de la main gauche, cela signifie qu'elle accepte son hommage ; et, si elle le prend de la main droite, c'est un refus.

Table des attributs de chaque heure du jour chez les Anciens

La première heure, un bouquet de roses épanouies ;
La deuxième, un bouquet d'héliotrope ;
La troisième, un bouquet de roses blanches ;
La quatrième, un bouquet d'hyacinthe ;
La cinquième, quelques citrons ;
La sixième, un bouquet de lotus ;
La septième, un bouquet de lupins ;
La huitième, plusieurs oranges ;
La neuvième, des feuilles d'olivier ;
La dixième, des feuilles de peuplier ;
La onzième, un bouquet de soucis ;
La douzième, un bouquet de pensées et de violettes.

Dictionnaire du langage des fleurs
avec l'origine de leurs significations
pour écrire un billet ou composer un sélam

Abandon, *Anémone.* Anémone fut une nymphe aimée de Zéphire ; Flore, jalouse, la bannit de sa cour, et la métamorphosa en une fleur qui s'épanouit toujours avant le retour du printemps. Zéphire a abandonné cette beauté malheureuse aux caresses du dur Borée, qui, ne pouvant s'en faire aimer, l'agite, l'entr'ouvre et la fane aussitôt. Une Anémone, avec ces mots, *brevis est usus,* son règne est court, exprime à merveille le passage rapide de la beauté.

Absence, *Absinthe.* L'absence est le plus grand des maux, a dit la Fontaine ; l'Absinthe est la plus amère des plantes ; son nom vient du grec, il signifie *sans douceur.*

Accords, *Alisier.* Son bois sert à faire divers instruments de musique.

Activité, *Thym,* page 56.

Adresse, *Ophrise-Araignée.* On sait qu'Arachné fut une très-habile brodeuse, qui osa défier Minerve dans l'exercice de cet art. La déesse offensée métamorphosa cette imprudente en araignée.

L'Ophrise-Araignée ressemble à l'insecte qui, sous une forme hideuse, n'a rien perdu de son adresse.

Agitation, *Sainfoin oscillant.* On a remarqué que la foliole terminale de cette plante est immobile, et que les deux autres, beaucoup plus petites, sont, pendant le jour, dans une agitation continuelle. Ce mouvement est un des plus singuliers phénomènes de la botanique. Il a été observé pour la première fois au Bengale par milady Mouson.

Aigreur, *Épinette-Vinette.* Le fruit de l'Épinette-Vinette est fort aigre ; l'arbrisseau qui le porte est armé d'épines, et les fleurs ont une si grande irritabilité, qu'au plus léger attouchement toutes les étamines se replient autour du pistil. Ainsi cet arbrisseau porte tous les caractères des personnes dont l'humeur est aigre et difficile.

Amabilité, *Jasmin blanc,* page 75.

Amertume, Douleur, *Aloès,* page 168.

Amitié, *Lierre,* page 125.

Amitié (Votre) m'est douce et agréable. *Glycine,* page 34.

Amour, *Myrte,* 25.

Amour caché, *Clandestine.* La Clandestine croît au pied des grands arbres, dans les lieux frais et ombragés. Presque toujours elle cache ses jolies fleurs purpurines sous la mousse ou sous des feuilles sèches.

Amour conjugal, *Tilleul,* page 52.

Amour fraternel, *Syringa.* Un des Ptolémées, roi d'Égypte, se rendit recommandable par l'amour qu'il avait pour son frère ; on consacra à sa mémoire une espèce de Syringa, et son surnom *Philadelphus,* c'est-à-dire *aimant son frère,* a servi à désigner ce genre, dont nous cultivons deux espèces.

Amour maternel, *Mousse,* page 151.

Amour platonique, *Acacia,* page 85.

Amour humble et malheureux, *Foulsapatte.* Le Paria, dans la *Chaumière indienne,* offre à sa maîtresse une de ces fleurs, qui, dans les Indes, servent à exprimer un amour humble et malheureux.

Amour vif et pur, *Œillet,* page 77.

Amour, Volupté, *Rose mousseuse,* page 66.

Amusement frivole, *Baguenaudier.* Le fruit du Baguenaudier, pressé entre les doigts, éclate avec bruit. Les oisifs disputent quelquefois aux petits enfants l'amusement frivole de produire cette explosion.

Ardeur, *Gouet.* Les spadix de ces plantes, dont on compte plus de cinquante espèces, acquièrent une si vive chaleur, qu'il est impossible de les toucher avec la main. Ce fait surprenant a été vérifié par plusieurs naturalistes, entre autres par Bory de Saint-Vincent et par Hubert.

Arrière-pensée, *Aster à grande fleur.* L'Aster à grande fleur commence à s'épanouir quand toutes les autres fleurs deviennent rares. C'est comme l'arrière-pensée de Flore, qui sourit encore en nous quittant.

Artifice, *Clématite.* Les mendiants, pour exciter la commisération, se font avec la Clématite des ulcères factices. Cet artifice infâme finit souvent par produire un mal véritable.

Arts (Les), *Acanthes,* page 37.

Asile, Secours, *Genévrier,* page 171.

Audace, *Mélèze.* Les naturalistes regardent le Mélèze comme le géant de la végétation. Cet arbre se plaît sur les plus hautes montagnes, où il croît à une élévation prodigieuse. Dans le Nord, les Mélèzes sont souvent couverts d'un lichen qui les revêt comme d'une épaisse fourrure. Les bergers s'amusent à mettre le feu à ce singulier vêtement. Il s'embrase spontanément et élève jusqu'au ciel une flamme légère qui, au même instant, pétille et s'évapore. On dirait que ces beaux arbres ont été disposés exprès pour donner au désert l'étonnant spectacle des plus magnifiques feux d'artifice.

Austérité, *Chardon.* En Écosse, l'ordre du Chardon ou de Saint-André est un collier d'or entrelacé de fleurs de Chardon et de Rue, avec cette devise :

> Personne ne m'offense impunément.

Bassesse, *Cuscute.* La graine de la Cuscute germe dans la terre ; mais, aussitôt que sa tige peut rencontrer celle d'une autre plante, elle s'y accroche, son premier radicule se dessèche, alors elle vit entièrement aux dépens d'autrui. Semblable à un vil parasite, cette plante absorbe tous les sucs de son soutien et ne tarde pas à le faire périr.

Beauté, *Rose,* page 59.

Beauté capricieuse, *Rose musquée.* La Rose musquée manque de fraîcheur ; ses fleurs moyennes seraient sans effet si elles ne croissaient en panicules de vingt jusqu'à cent et plus. Elles plaisent d'ailleurs par leur odeur fine et musquée. Du reste, toute la plante semble pleine de caprices, elle languit tout à coup dans les expositions qui d'abord lui paraissaient les plus favorables. Une année elle se charge de bouquets innombrables ; l'année suivante elle ne fleurit pas.

Beauté durable, *Giroflée des jardins,* page 89.

Beauté toujours nouvelle, *Rose des Quatre-Saisons.* Le Rosier des Quatre-Saisons est en fleur toute l'année. Son odeur est délicieuse.

Bienfaisance, *Guimauve,* page 83.

Bienfaisance, *Pomme de terre.* La Pomme de terre appartient surtout aux malheureux. Cet aliment échappe au monopole du commerce, car il ne dure qu'un an. Modeste comme la véritable charité, la Pomme de terre cache ses trésors : elle en oblige les riches, elle en nourrit les pauvres. L'Amérique nous a fait ce doux présent, qui pour toujours a banni de l'Europe le plus affreux des fléaux, la famine.

Bienveillance, *Jacinthe.* On a fait de la Jacinthe l'emblème de la bienveillance, sans doute à cause de sa douce odeur et de son aspect agréable.

Billet écrit avec des fleurs, page 183.

Bonheur, *Armoise,* page 73.

Bonheur d'un instant, *Éphémérine de Virginie.* Les fleurs de l'Éphémérine ne durent qu'un instant, mais elles se succèdent depuis avril jusqu'à la fin d'octobre.

Bonne éducation, *Cerisier.* On croit ordinairement que le Cerisier, originaire de Cérasonte, ville du royaume du Pont, a été apporté à Rome par Lucullus ; cependant nos forêts ont toujours produit naturellement différentes espèces de Merisiers qui ne demandent qu'une bonne éducation pour changer leurs fruits secs et amers en ces baies charmantes qui font l'ornement de nos campagnes, celui de nos déserts, et surtout la joie du peuple et de nos petits enfants.

Bonne nouvelle, *Rose de Gueldre,* page 180.

Bonté, *Bon-Henri.* Le peuple a donné le nom de son roi bien-aimé à une plante bienfaisante, utile, qui croît à sa portée, et qui, en quelque sorte, lui appartient exclusivement. Le Bon-Henri ne se cultive point, mais il croît partout le long des murs et des buissons ; c'est l'asperge et l'épinard du pauvre. Heureux mille fois le roi digne d'un si simple hommage !

Bonté parfaite, *Fraises,* page 54.

Brusquerie, *Bourrache.* Les feuilles de la Bourrache sont piquantes, velues, ridées ; mais toute la plante est salutaire ; ses bienfaits font supporter et même oublier sa rude apparence, qui rappelle que souvent la brusquerie accompagne la bonté.

Calme, Repos, *Ményanthe,* page 29.

Calomnie, *Garance.* La Garance teint en rouge. Quand les agneaux ont brouté cette plante, leurs dents paraissent comme souillées du sang de quelque victime. Souvent la méchanceté profite habilement d'une apparence trompeuse pour calomnier l'innocence elle-même.

Candeur, *Violette blanche.* La candeur précède la modestie, c'est une Violette encore revêtue de la couleur de l'innocence.

Chagrin, Peine, *Souci,* page 96.

Chaleur de sentiment, *Menthe poivrée.* Minthes fut surprise par Proserpine dans les bras de son noir époux. La déesse, justement irritée, métamorphosa sa rivale en une plante qui semble renfermer dans sa double faveur le froid de la crainte et l'ardeur de l'amour ; cette plante, nous la cultivons sous le nom de Menthe poivrée, et nous lui devons les pastilles qui portent son nom.

Charmes trompeurs, *Datura,* page 101.

Chasteté, *Fleurs d'oranger.* Les nouvelles mariées portent un chapeau de fleurs d'oranger. Autrefois une fille déshonorée, le jour de ses noces, était privée de cet ornement ; cet usage existe encore aux environs de Paris.

Cœur qui ignore l'amour, *Bouton de rose blanche.* Avant que le souffle de l'amour eût animé le monde, toutes les roses étaient blanches, et toutes les filles insensibles.

Consolation, *Coquelicot.* Le Coquelicot des champs renferme dans son sein empourpré un baume précieux, qui calme la douleur et endort le chagrin. Les anciens, qui regardaient le sommeil comme le grand guérisseur, le grand consolateur du monde, lui avaient donné pour tout ornement une couronne de coquelicots.

Consolation, *Perce-neige,* page 167.

Confiance, *Hépatique.* Quand les jardiniers voient les jolies fleurs de l'Hépatique, ils disent : La terre est en amour, on peut semer de confiance.

Constance, *Pyramidale bleue.* Les tiges de la Pyramidale s'élèvent souvent à plus de six pieds ; elles sont garnies du haut en bas de grandes et belles fleurs qui s'épanouissent en juillet et gardent jusqu'en octobre tout leur éclat. La belle couleur de ces délicieuses pyramides est celle de la constance.

Coquetterie, *Belle-de-jour,* page 117.

Coquetterie, Désir de plaire, *Lauréole femelle* ou *Bois-Gentil,* page 167.

Courage, *Peuplier noir.* Cet arbre est consacré à Hercule.

Critique, *Momordique piquante.* Son nom dérive du latin *mordeo,* je mords.

Croyance, *Grenadille bleue.* On trouve figurés, dans la fleur de la Grenadille, une couronne d'épines, le fouet, la colonne, l'éponge, les clous et les cinq plaies du Christ. C'est pourquoi on l'appelle aussi Passiflore, fleur de la Passion.

Cruauté, *Ortie.* La piqûre de l'Ortie cause une douleur semblable à celle de la brûlure. En examinant au microscope les feuilles de l'Ortie, on est surpris de les trouver chargées de poils fins, roides, articulés, pointus, qui sont autant de conduits d'une humeur âcre et mordante, renfermée dans une vessie qui est la base de chacun d'eux. Ces poils et cette vessie sont en tout semblables aux dards que portent les abeilles. Dans l'insecte et dans la plante, c'est l'humeur âcre qui cause la douleur.

Dédain, *Œillet jaune.* Comme les personnes dédaigneuses sont pour la plupart exigeantes et peu aimables, ainsi de tous les Œillets le jaune est le moins beau, le moins odorant et celui qui demande le plus de soins.

Déclaration d'amour, *Tulipe,* page 25.

Défaut, *Jusquiame.* La Jusquiame est malfaisante, son aspect est repoussant. Les Turcs s'enivrent avec ses sucs dangereux, mais ceux qui en usent sont regardés comme des débauchés.

Défense, *Troëne,* page 48.

Déguisement, *Stramoine commune.* Autrefois, pendant le carnaval, le peuple se couvrait le visage des larges feuilles de la Stramoine commune.

Délicatesse, *Bluet.* Le beau bleu de cette fleur, qui ressemble à celui d'un ciel sans nuages, est l'emblème d'un sentiment tendre et délicat qui se nourrit d'espérance.

Désespoir, *Souci* et *Cyprès.* Le Cyprès est l'emblème de la mort ; le Souci est l'emblème du chagrin. La réunion de ces deux plantes exprime le désespoir.

Désir, *Jonquille.* La Jonquille, qui nous est venue de Constantinople, est, chez les Turcs, l'emblème du désir.

Deuil, *Cyprès,* page 133.

Difficulté, *Épines noires.* Quand on veut exprimer qu'une affaire est pleine de difficultés, on dit : C'est un fagot d'épines, on ne sait par quel bout le prendre.

Dignité, *Girofle.* Le Giroflier aromatique est originaire des îles Moluques ; les peuples de ces îles portent les fleurs du Girofle, que nous appelons *clous de Girofle,* comme une marque de distinction. On dit d'un chef qu'il a deux, trois, quatre Girofles, comme nous disons d'un grand seigneur qu'il a plusieurs dignités.

Discrétion, *Capillaire,* page 126.

Docilité, *Jonc des champs.* On dit en proverbe : Souple et docile comme un Jonc.

Douleur, *Citronnelle.* Dans le Holstein, les jeunes garçons portent aux funérailles une branche de Citronnelle comme une marque de deuil. Dans l'Inde le citron est consacré à la douleur ; les femmes qui se brûlent à la mort de leur époux marchent au bûcher avec des citrons dans leurs mains.

Douleur, Amertume, *Aloès,* page 168.

Douloureux souvenirs, *Adonide,* page 84.

Doux souvenirs, *Pervenche,* page 23.

Durée, *Cornouiller sauvage,* page 142.

Éclat, *Rose capucine.* Le Rosier bicolore ou capucine est une variété de l'Églantier jaune obtenu au Jardin du Roi. Rien n'est plus éclatant que ces fleurs jaunes doublées de mordoré ; on dit que la variété à fleurs doubles est du plus grand effet, je ne l'ai jamais vue.

Égoïsme, *Narcisse,* page 50.

Élégance, *Acacia rose.* L'art de la toilette n'a rien assorti de plus frais, de plus élégant que la parure de ce joli arbuste : ses attitudes penchées, son vert gai, ses belles grappes couleur de rose, qui ressemblent à des flots de rubans, tout lui donne l'apparence d'une coquette en habit de bal.

Élévation, *Sapin.* Le Sapin se plaît dans les régions froides, il s'y élève à des hauteurs prodigieuses.

Éloquence, *Nymphæa lotus.* Les Égyptiens avaient consacré au Soleil, dieu de l'éloquence, la fleur du Nymphæa lotus. Ces fleurs se ferment et se plongent dans l'eau au coucher du soleil ; elles en sortent pour s'épanouir de nouveau, lorsque cet astre reparaît sur l'horizon. Cette fleur fait partie de la coiffure d'Osiris. Les dieux indiens sont souvent représentés au sein des eaux, assis sur une fleur de Lotus. C'est peut-être un emblème du monde sorti des eaux.

Enchantement, *Verveine*, page 81.

Enfantillage, *Œillet mignardise*. La délicatesse de ce joli œillet, l'abondance de ses fleurs, sa douce odeur, le peu de prix qu'on attache à ses perfections, son nom même, tout en lui semble destiné à l'enfance, qui s'en fait des parures et des jouets.

Enivrement (Je vous aime), *Héliotrope*, page 118.

Envie, *Ronces à fruits noirs*. La Ronce, comme l'envie, rampe et cherche à étouffer tout ce qui l'approche.

Ermitage, *Polygala*. Cette jolie plante, qui ne s'élève pas à plus d'un pied, conserve toujours ses feuilles, qui sont semblables à celles du Buis. Les ermites, qui habitaient autrefois des lieux élevés, en environnaient leurs demeures. Les anciens croyaient que cette plante était favorable aux troupeaux et qu'elle leur donnait beaucoup de lait. C'est ce qu'exprime son nom : *poly*, beaucoup ; *gala*, lait.

Erreur, *Ophrise mouche*. La fleur de l'Ophrise ressemble si parfaitement à une mouche à miel, que souvent on y est trompé.

Espérance, *Aubépine*, page 31.

Espérance trompeuse, *Genette*. La fleur de la Genette, qu'on nomme aussi Porion, ou faux Narcisse, avorte très-souvent. Cette plante, originaire de nos prairies, est cultivée avec soin par les Hollandais, qui nous la renvoient sous les noms magnifiques de *Phœnix*, de grand *Soleil d'or*. Après bien des soins, le cultivateur s'étonne de voir son espérance trompée, et de n'avoir fait naître qu'une *Genette*.

Esprit mélancolique, *Géranium triste*. Ce charmant Géranium, semblable aux esprits mélancoliques, fuit la lumière du jour ; mais il enchante ceux qui le cultivent par ses délicieux parfums ; sa parure est sombre et modeste ; en tout il contraste avec le Géranium écarlate, emblème de la sottise.

Estime, *Petite Sauge*. On appelle vulgairement la petite Sauge *Toute bonne*, elle est estimée la plus salutaire des plantes aromatiques.

Étourderie, *Amandier*, page 22.

Facilité, *Valériane rouge,* page 57.

Faiblesse, *Adoxa musqué.* Cette plante, vulgairement appelée Herbe du musc, a une odeur si douce et si légère, qu'elle plaît même aux personnes qui ont pour le musc une répugnance particulière. Elle est commune dans nos bois ; son nom générique, *Adoxa,* est formé du grec, et signifie sans gloire et sans éclat.

Faites du bien, *un Bouquet de roses ouvertes,* page 66.

Fatuité, *Grenade.* On a représenté la fatuité sous les traits d'un ignorant qui veut forcer une taupe à admirer l'éclat d'un bouquet de grenades. Ces fleurs brillantes et inodores sont quelquefois aussi l'emblème de la sottise.

Fausses richesses, *Soleil* ou *Tournesol,* page 120.

Fausseté, *Mancenillier.* Le fruit du Mancenillier ressemble beaucoup à une pomme d'api. Cette apparence trompeuse, jointe à son odeur agréable, invite à le manger ; mais sa chair spongieuse et mollasse contient un suc laiteux et perfide, qui d'abord paraît fade, mais devient bientôt si caustique, qu'il brûle à la fois les lèvres, le palais et la langue. Tous les voyageurs s'accordent à dire que le meilleur remède contre un poison aussi violent est l'eau de la mer, sur les bords de laquelle cet arbre croît toujours.

Fécondité, *Rose trémière.* Tout le monde connaît cette superbe plante originaire de la Chine, ou plutôt de la Syrie, d'où elle nous fut apportée au temps des croisades. Le grand nombre de ses fleurs l'a fait prendre pour l'emblème de la fécondité ; les Chinois représentent la nature couronnée de ses fleurs, dont le nom signifiait chez les Grecs : *Puissance et Vertu.*

Félicité, *Centaurée, fleur du Grand Seigneur.* Dans les sélams de l'Orient, cette jolie Centaurée, originaire de Turquie, signifie *bonheur suprême.*

Festin, *Persil,* page 141

Feu, *Fraxinelle.* Lorsque la journée a été chaude et l'air très-sec, il s'exhale de la Fraxinelle un gaz inflammable, qui, condensé par la fraîcheur du soir, forme autour d'elle une atmosphère qui s'enflamme à l'approche d'une bougie, sans que la plante en soit endommagée.

Feu du cœur, *une Rose blanche et une Rose rouge,* page 67.

Fidèle au malheur, *Giroflée des murailles,* page 122.

Fidélité, *Véronique.* Il y a plus de cent espèces de Véroniques : toutes ont des fleurs et des fruits en cœur : leur nom grec peut se traduire par ces mots : *Image fidèle.*

Fiel, *Fumeterre commune.* On a donné à cette plante, qui a un goût très-désagréable, le nom de *Fiel de terre.*

Fierté, *Amaryllis.* Nos jardiniers disent que les Amaryllis, dont on compte un grand nombre de variétés, sont des plantes fières, parce que souvent elles refusent des fleurs à leurs soins empressés, et cela est bien dommage, surtout pour le lis de Guernesey, fleur charmante qui ressemble, pour le port et pour les dimensions, à la Tubéreuse ; elle est d'un rouge cerise, et au soleil paraît parsemée de points d'or. Le nom de ces belles plantes vient du verbe grec *amarusso,* qui signifie *je brille.*

Fille chérie, *Quintefeuille.* Quand le temps est pluvieux, les feuilles de cette plante se rapprochent, se penchent sur la fleur, et forment une petite tente pour la mettre à couvert. On croirait voir une tendre mère occupée du soin de préserver une fille chérie.

Finesse, *Œillet de poëte.* L'Œillet de poëte, si éclatant par ses belles touffes, est dans toutes ses parties d'une finesse et d'une délicatesse exquises.

Flamme, *Iris-Flambe* ou *Flamme.* L'Iris germanique est une plante que les paysans allemands aiment à faire croître sur le sommet de leurs chaumières. Lorsque l'air agite ses belles fleurs, et que le soleil vient à dorer leurs pétales mêlés d'or, de pourpre et d'azur, on dirait que des flammes légères et parfumées glissent sur la crête de ces toits rustiques ; sans doute c'est cette apparence qui a fait donner à cette Iris le nom de *Flambe* ou *Flamme.*

Flatterie, *Miroir de Vénus.* Aussitôt que le soleil répand sur nos moissons sa lumière dorée, on voit briller au milieu d'elles le pourpre éclatant des fleurs étoilées d'une jolie Campanule ; mais, si quelques nuages viennent à obscurcir les rayons de l'astre du jour, aussitôt les corolles de ces fleurs se reploient comme aux approches de la nuit. On conte qu'un jour Vénus laissa tomber sur la terre un de ses miroirs. Un berger rencontra ce bijou, et, aussitôt qu'il eut jeté les yeux sur cette glace, qui avait le don d'embellir, il oublia sa maîtresse, et n'eut plus d'autre soin que celui de se mirer sans cesse. L'Amour, qui craignit les suites d'une si folle erreur, cassa la glace et changea ses débris en cette jolie plante, qui en a retenu le nom de *Miroir de Vénus*.

Folie, *Ancolie*. Les jolies fleurs de l'Ancolie ressemblent aux hochets de la folie.

Force, *Fenouil*. Les gladiateurs mêlaient cette plante dans leur nourriture pour se donner des forces. Après les jeux de l'arène, on mettait sur la tête du vainqueur une couronne de Fenouil. Les Romains nommaient cette plante *Aneth*.

Franchise, *Osier*. On dit proverbialement d'un homme sincère qu'*il est franc comme osier*. C'est dans ce sens que Voiture a dit :

> Le fier et brave Montansier,
>
> Dont le cœur est brave comme osier.

Frivolité, *Brise tremblante*. Les bergers appellent cette plante Amourette, peut-être à cause de son aspect agréable et varié ; mais elle est pour eux l'emblème d'un sentiment léger et frivole, car un amant croirait faire injure à sa maîtresse s'il lui présentait un bouquet lié avec cette plante.

Froideur, Vivre sans aimer, *Agnus-castus*, page 169.

Frugalité, *Chicorée*. Horace a chanté la frugalité de ses repas, composés de Mauves et de Chicorée.

Galanterie, *Bouquet.* On ne peut rien offrir de plus galant qu'un bouquet ; ce don, qui peut être très-magnifique, est cependant de peu de valeur ; mais il est toujours la preuve d'une attention aimable et d'un soin délicat.

Gémissement, *Peuplier-tremble.* Ce bel arbre, qui, même par le temps le plus calme, imite le bruit des eaux, gémit au moindre vent.

Générosité, *Oranger.* L'Oranger est toujours couvert de fleurs, de fruits et de verdure ; c'est un ami généreux qui, sans cesse, nous prodigue tous ses biens.

Génie, *Platane.* A Athènes, le Portique était environné de longues avenues de superbes Platanes. Les Grecs rendaient à ces beaux arbres une sorte de culte. Ils les avaient consacrés aux bons génies et aux plaisirs de l'esprit.

Gentillesse, *Rose pompon.* La gentillesse, qui est la grâce de la première enfance, fait tout le charme de la Rose pompon.

Gloire, *Laurier franc,* page 164.

Grâces, *Rose à cent feuilles.* Quand les Grâces accompagnent Vénus et les Amours, elles sont couronnées de Myrte ; quand elles suivent les Muses, on les représente couronnées de Roses à cent feuilles.

Grandeur, *Frêne.* Dans l'Edda, la cour des dieux se tient sous un frêne miraculeux, qui couvre de ses branches toute la surface du monde ; le sommet de cet arbre touche aux cieux, ses racines aux enfers. De ses racines coulent deux fontaines : dans l'une, la sagesse est cachée, dans l'autre on trouve la science des choses à venir.

Grosseur, *Citrouille.* Les fruits de la Citrouille sont souvent énormes et très-pesants. On dit d'une personne trop grasse qu'elle ressemble à une Citrouille ; cette comparaison est basse et toujours prise en mauvaise part.

Guérison, *Baume de Judée.* Ce baume exquis, si justement estimé des anciens, semble avoir été préparé par la nature pour adoucir nos maux ; aussi nous employons bien souvent le mot baume dans un sens moral et figuré pour exprimer ce qui tempère et adoucit nos chagrins. La vertu bienfaisante et la tendre amitié sont de véritables baumes qui guérissent les plaies du cœur, plus insupportables mille fois que les maux physiques.

Guerre, *Achillée mille-feuilles.* Cette plante cicatrise toutes les plaies faites par le fer : on dit que le héros dont elle porte le nom s'en servit pour guérir les blessures de Télèphe.

Haine, *Basilic.* On représente quelquefois la pauvreté sous les traits d'une femme couverte de haillons, assise auprès d'une plante de Basilic. On dit communément que la haine a des yeux de Basilic, parce qu'on a donné ce nom à un animal fabuleux qui, selon les charlatans, tue d'un seul regard. Cependant *Basilic* est un nom dérivé du grec, qui veut dire *royal*, et qui indique l'excellence de la plante embaumée qui porte ce nom.

Hardiesse, *Pin.* Cet arbre dédaigne les paisibles vergers, il aime à baigner sa tête dans la rosée des nuages et à voir son feuillage sans cesse battu par les vents, et, lorsqu'on l'a dépouillé de ses branches, il vogue sur les vagues agitées de l'Océan, pour y braver encore les tempêtes.

Heures, leurs attributs, page 185.

Honte, *Pivoine.* Le père Rapin dit dans son poëme *des Jardins,* en parlant de la Pivoine : « Ce ne sont point les roses de la pudeur qui la colorent, c'est la rougeur que donne la honte, car cette plante renferme une nymphe coupable. »

Horreur, *Serpentaire.* Le Cactier Serpentaire jette de tous côtés ses tiges hérissées d'épines, qui ressemblent à des nœuds de serpents.

Hospitalité, *Chêne,* page 136.

Humilité, *Liseron des champs.* Plante qui rampe sur la terre ou qui s'élève à l'aide d'un appui. Le père Rapin apostrophe ainsi cette fleur : « Croissez, lis heureux ! doux essai de la nature dans son enfance ! chef-d'œuvre qui semblait annoncer de grands ouvrages ! »

Il y a tout à gagner avec la bonne compagnie. *Un Rosier au milieu d'une touffe de gazon,* page 67.

Immortalité, *Amarante.* Le nom de cette fleur est composé de deux mots grecs qui signifient : *qui ne se flétrit point.* Voyez page 139.

Impatience, *Balsamine.* Les capsules qui renferment les graines de cette plante offrent une loge à cinq divisions. Lorsque la maturité approche, chacune de ces divisions se roule sur elle-même au plus léger attouchement, et jette au loin ses semences, par un mouvement spontané.

Importunité, *Bardane.* La Bardane s'empare des bons terrains, dont il est fort difficile de l'extirper ; tout le monde connaît ses graines, qui s'attachent aux vêtements d'une manière si importune.

Inconstance, *Énothère à grandes fleurs.* Nous avons plusieurs fois retrouvé et perdu cette belle plante, que l'on nomme vulgairement *Onagre.* Elle est originaire de Virginie. M. Mordant de Launay l'a rendue aux jardins de Paris, où, malgré son inconstance, on lui fait un accueil favorable.

Indépendance, *Prunier sauvage.* Le Prunier sauvage est le moins docile de nos arbres indigènes : il ne souffre pas la taille, et ne veut pas être transplanté ; c'est pourquoi on greffe le prunier domestique sur un abricotier.

Indifférence, *Ibéride de Perse, Thlaspi vivace,* page 162.

Indiscrétion, *Roseau plumeux.* Le roi Midas ayant préféré le chant du satyre Marsias à celui d'Apollon, ce dieu lui fit croître des oreilles d'âne. Le barbier du roi vit ces oreilles ; ne pouvant garder le secret, il l'enterra au pied d'une touffe de roseaux plumeux. Ces roseaux, agités par le vent, murmuraient sans cesse : *Le roi Midas a des oreilles d'âne.*

Infidélité, *Rose jaune.* On sait que le jaune est la couleur des infidèles. La rose jaune semble aussi être leur fleur. L'eau la fatigue, le soleil la brûle. La contrainte peut seule amener à bien cette rose sans parfum, qui ne sait profiter ni des soins ni de la liberté. Quand on veut la voir dans son éclat, il faut pencher ses boutons vers la terre et les y retenir par la force ; alors elle fleurit.

Ingratitude, *Renoncule scélérate.* Cette plante est la plus malfaisante de toutes celles de nos prairies ; la culture augmente encore ses mauvaises qualités. Elle fleurit en mai et juin.

Injustice, *Houblon.* Le Houblon est appelé par les naturalistes *Loup de terre,* parce que ses tiges sarmenteuses étouffent les arbres et les plantes qu'elles environnent, et que la prodigieuse végétation de toute la plante épuise promptement le terrain où elle croît.

Innocence, *Petite-Marguerite,* page 174.

Inutilité, *Spirée ulmaire.* On accuse la Spirée ulmaire, appelée aussi *Reine des prés,* d'être une belle inutile, parce que la médecine ne lui reconnaît aucune vertu, et que les animaux n'en font pas leur pâture. Mais n'est-ce donc rien d'être belle ?

Ironie, *Sardonie.* Cette plante a quelque ressemblance avec le Persil ; elle renferme un poison dont l'effet est de contracter la bouche d'une manière si singulière, que le malade semble rire en expirant. On a appelé ce rire affreux *rire sardonique* ; c'est celui que l'on voit errer souvent sur les lèvres de la satire et sur celles de la froide ironie.

Inspiration, *Angélique.* Cette belle plante, qui croît dans les contrées les plus reculées du Nord, sert de couronne aux poëtes lapons, qui se croient inspirés par sa douce odeur.

Ivresse, *Vigne.* Anacharsis disait que la Vigne portait trois sortes de fruits, l'ivresse, la volupté et le repentir, et que celui qui est sobre en parlant, en mangeant et en s'amusant, a le caractère d'un parfait honnête homme.

Jamais je n'importune, *une Feuille de rose*, page 62.

Je brûle, *Raquette*. Cette plante singulière, originaire de l'Amérique équatoriale, semble reverdir sous les rayons du plus ardent soleil. Ses feuilles, larges et épaisses, sont couvertes de faisceaux d'épines très-piquantes qui semblent brûler la main qui les touche.

Je m'attache à vous, *Ipomée écarlate, Jasmin rouge de l'Inde*, Comme les faibles liserons, l'Ipomée écarlate a besoin d'un appui pour soutenir ses tiges légères, qui, sans fatiguer leur appui, les environnent de verdure et de fleurs.

Je meurs si on me néglige, *Viorne-Laurier-Tin*, page 164.

Je ne vous survivrai pas, *Mûrier à fruit noir*. Tout le monde a lu dans la Fontaine la touchante histoire de Pyrame et Thisbé. Pyrame, croyant que sa chère Thisbé avait été dévorée par une lionne en fureur, se tua de désespoir. Thisbé, éloignée par la crainte, revient et voit expirer son cher Pyrame ; elle ne peut lui survivre, et le même poignard réunit les deux amants.

> Elle tombe, et, tombant, range ses vêtements ;
> Dernier trait de pudeur, même aux derniers moments.
> Les nymphes d'alentour lui donnèrent des larmes ;
> Et du sang des amants teignirent, par des charmes,
> Le fruit d'un mûrier proche, et blanc jusqu'à ce jour,
> Éternel monument d'un si parfait amour.

Je partage vos sentiments, *Petite-Marguerite double*. Il paraît qu'il y a bien longtemps que la culture a doublé la jolie Pâquerette de nos prés. Quand la maîtresse d'un ancien chevalier lui permettait de faire graver cette fleur sur ses armes, c'était un aveu public qu'elle partageait ses sentiments.

Je sens vos bienfaits, *Lin*. Le Lin nous environne tellement de ses bienfaits, qu'il est comme impossible de lever les yeux sans les voir briller de toutes parts. Nous lui devons nos toiles, nos papiers et nos dentelles.

Je surmonte tout, *Gui commun*, page 150.

Je vous aime, *Héliotrope*, page 118.

Jeu, *Hyacinthe*. Ce fut en jouant au palet sur les bords du fleuve Amphrise qu'Apollon tua le bel Hyacinthe. Ne pouvant le rappeler à la vie, le dieu le métamorphosa en la fleur qui porte son nom.

Jeune fille, *Bouton de rose*. Une jeune fille est une rose encore en bouton.

Jeunesse, *Lilas blanc*, Par la pureté et par le peu de durée de ses beaux thyrses, le lilas blanc est le symbole de la jeunesse, de ce bien rapide et charmant que tous les trésors du monde ne sauraient racheter.

Je vous déclare la guerre, *Belvédère*. Le Belvédère est l'Ansérine à balais : cette plante ressemble au cyprès pyramidal. Dans quelques contrées d'Italie, on en présente les tiges à ceux qu'on veut insulter.

Joie, *Oxalis*. L'Oxalis alleluia, vulgairement appelé Pain de coucou, fleurit au temps de Pâques. Cette jolie plante chaque soir ferme et incline ses feuilles, replie ses corolles et laisse pendre ses fleurs ; elles semblent céder au sommeil, mais, aux premiers feux du jour, on la dirait saisie de joie, car elle déploie ses feuilles, elle épanouit ses fleurs, et c'est pour cela sans doute que les gens de la campagne disent qu'elle loue le Seigneur.

J'y songerai, *Marguerite des prés*. Au temps de la chevalerie, lorsqu'une dame ne voulait ni accepter ni rejeter les vœux d'un requérant *d'amoureuse merci*, elle ornait son front d'une couronne de blanches Marguerites : cela voulait dire : *J'y songerai*.

Légèreté, *Pied-d'Alouette*. La fleur du Pied-d'Alouette est une papilionacée jaune et brillante ; elle doit son nom à la forme singulière de ses gousses, sur lesquelles on distingue les articulations et les phalanges d'un pied d'oiseau.

Maladie, *Anémone des prés*. Dans quelques provinces on s'imagine que la fleur de l'Anémone des prés est si pernicieuse, qu'elle empoisonne le vent, et que ceux qui en respirent les émanations sont sujets aux plus affreuses maladies.

Méfiance, *Lavande-Aspic*. On croyait autrefois que l'Aspic, espèce de vipère très-dangereuse, se tenait habituellement sous la Lavande ; c'est pourquoi on ne s'approchait de cette plante qu'avec méfiance. Cependant les anciens en faisaient une grande consommation dans leurs bains, d'où lui est venu son nom, du verbe latin *lavare*, dont nous avons fait Lavande.

Mérite caché, *Coriandre*. La Coriandre fraîche a une odeur insupportable ; c'est ce qu'exprime son nom, Koris, *punaise* ; cependant ses graines parfumées sont recherchées des confiseurs, fort estimées des médecins et même des cuisiniers, qui en assaisonnent plusieurs ragoûts.

Mes regrets vous suivent au tombeau, *Asphodèle*. On plantait anciennement l'Asphodèle auprès des tombeaux, et on croyait qu'au delà de l'Achéron les ombres se promenaient dans une vaste prairie d'Asphodèles, en buvant les eaux du fleuve d'Oubli.

Message, *Iris*. On compte plus de trente espèces d'Iris, tant à bulbes qu'à racines ; leurs couleurs, éclatantes et variées comme celles de l'arc-en-ciel, ont mérité à ces fleurs le nom de la messagère des dieux. On sait que la belle Iris n'était jamais porteuse que de bonnes nouvelles.

Misanthropie, *Chardon à foulon.* Les fleurs de la Coudère des bois sont hérissées de paillettes longues et piquantes ; toute la plante a un air sévère. Cependant elle est utile et belle. Les drapiers l'emploient à peigner leurs étoffes ; c'est ce qui lui a valu le nom vulgaire de *Chardon à foulon.*

Modestie, *Violette,* page 177.

Mœurs, *Rue sauvage.* On croit que le Moly, que Mercure donna à Ulysse pour empêcher l'effet des breuvages de Circé, était une racine de Rue sauvage.

Musique, *Roseaux.* Pan, qui aimait la belle Syrinx, la poursuivit un jour sur les bords du fleuve Ladon, en Arcadie ; la nymphe implora le secours de ce fleuve, qui la reçut dans ses ondes et la métamorphosa en roseaux. Pan coupa plusieurs tiges de ces roseaux de différentes grandeurs, et en fit, dit-on, la première flûte des bergers.

N'abusez pas, *Safran.* Une légère infusion de Safran porte à la gaieté ; mais ceux qui abusent de cette liqueur deviennent fous ; il en est de même de son odeur : si on la respire légèrement elle ranime les esprits ; si on en abuse elle tue.

Naissance, *Dictame de Crète.* Quand Junon présidait à la naissance des enfants, sous le nom de Lucine, elle portait une couronne de Dictame ; la bonne odeur de cet arbuste et les vertus médicinales qui l'avaient rendu si célèbre chez les anciens nous le font encore estimer ; il est originaire de l'île de Crète.

Naïveté, *Argentine.* C'est le Myosotis des jardiniers ; rien n'est plus doux et plus naïf que la blancheur de cette jolie petite plante : on en fait des bordures d'un charmant effet et qui contrastent admirablement avec la verdure des gazons que souvent elles environnent.

Ne m'oubliez pas, *Myosotis,* page 110.

Nœuds, *Lianes.* Lianes, nom commun à toutes les plantes sarmenteuses des quatre parties du monde ; ces plantes effectivement enlacent de leurs nœuds tout ce qui les environne.

Noirceur, *Ébénier.* Pluton, dieu des enfers, était assis sur un trône d'ébène. On dit d'un méchant : Il a le cœur noir comme ébène. Ce proverbe vient sans doute de ce que l'aubier de l'ébénier étant blanc, son feuillage doux et argenté, ses fleurs belles et éclatantes, cet arbre n'a vraiment que le cœur de noir.

Nous mourrons ensemble. *Un monceau de fleurs ou de fruits,* page 144.

Nuit, *Convolvulus de nuit.* Il y a plusieurs espèces de beaux liserons qui ne s'ouvrent que la nuit ; ils sont originaires des pays chauds.

Obstacle, *Bugrane,* page 42.

On vous rendra justice, *Tussilage odorant,* page 131.

Oracle, *Pissenlit,* page 104.

Ornement, *Charme.* Sous le nom de charmille, le charme faisait autrefois le principal ornement de nos grands jardins ; on l'employait à former de longs rideaux de verdure, des portiques, des obélisques, des pyramides, des colonnades. Le père Rapin, dans son poëme des *Jardins,* fait un très-bel éloge de cet arbre. On peut encore voir à Versailles comment le fameux le Nôtre savait le faire entrer dans ses belles et nobles compositions.

Oubli, *Oublie.* L'Oublie est la même plante que la grande Lunaire, qu'on appelle aussi *Monnaie du Pape, Médaille de Judas,* la *Nacrée,* la *Satinée,* etc. Cette plante doit ses noms variés, non à sa graine, comme on le pense communément, mais à la cloison qui partage ses siliques plates, larges, orbiculaires comme la lune. Cette cloison, dégagée de ses valves, reste brillante et ressemble à des médailles ou à des oublies. René, duc de Bar et de Lorraine, ayant été fait prisonnier à la bataille de Thoulongean, peignit de sa propre main une branche d'Oublie, et l'envoya à ses gens pour leur reprocher leur peu de diligence à le délivrer.

Paix, *Olivier.* La paix, la sagesse, la concorde, la douleur, la clémence, la joie et les grâces se couronnent de feuilles d'Olivier. La colombe envoyée par Noé rapporta dans l'arche une branche d'Olivier, le symbole de la paix que le ciel venait d'accorder à la terre.

Paix, Réconciliation, *Coudrier,* page 175.

Patience, *Patience.* La médecine fait un fréquent usage de la racine de Patience, qui est fort amère. Le nom de la plante est homonyme ; c'est dans ce sens que mademoiselle Scudéry a dit : « La patience n'est pas la fleur des Français » Passerat a dit aussi dans son *Jardin d'Amour* :

> On peut en ce jardin cueillir la Patience,
> De la prendre en amour je n'ai pas la science.

Peine, Chagrin, *Souci,* page 96.

Perfidie, *Laurier-Amandier,* page 128.

Piége, *Gouet gobe-mouche.* Le Gouet gobe-mouche est un emblème bien naïf des piéges grossiers que le vice tend à l'imprudente jeunesse. Les mouches attirées par la mauvaise odeur de cette plante s'engagent dans ses fleurs et n'en peuvent plus sortir.

Plaisanterie, *Mélisse Citronnelle.* Cette plante exhale une agréable odeur de citron ; son infusion calme les nerfs et porte à la gaieté.

Pleurs, *Hélénie.* Les fleurs de l'Hélénie ressemblent à de petits soleils d'un beau jaune ; elles fleurissent en automne avec les asters ; on dit qu'elles furent produites par les larmes d'Hélène.

Poésie, *Églantier.* L'Églantier est la fleur des poëtes ; dans les Jeux floraux elle est le prix d'une pièce qui doit célébrer les charmes de l'étude et ceux de l'éloquence.

Préférence, *Fleur de pommier.* Une fleur charmante, qui promet un bon et beau fruit, peut être préférée même à la rose.

Préférence, *Géranium rosé.* On compte plus de cent espèces de Géranium ; il y en a de tristes, de brillants, de parfumés, d'inodores. Celui à odeur de rose se distingue par la douceur de ses feuilles, sa douce odeur et la beauté de ses fleurs purpurines.

Présage, *Souci pluviatile.* Le Souci pluviatile s'ouvre constamment à sept heures, et reste ouvert jusqu'à quatre, si le temps doit être sec ; s'il ne s'ouvre point, ou s'il se ferme avant son heure, on peut être sûr qu'il pleuvra dans la journée.

Première émotion d'amour, *Lilas,* page 20.

Première jeunesse, *Primevère,* page 33.

Présomption, *Mufle-de-veau.* Les fleurs de Mufle-de-veau sont quelquefois d'un rouge si vif, qu'on ne saurait les regarder fixement ; on a avec raison transporté cette belle plante dans nos jardins. Mais quelquefois, semblable aux présomptueux, elle se rend si importune en se répandant d'elle-même, qu'on est obligé de l'en bannir.

Prétention, *Salicaire.* Cette belle plante, qui croît sur le bord des eaux, semble prendre plaisir à se mirer dans leur cristal. C'est pourquoi on la compare à une femme à prétentions, éprise de ses propres charmes.

Prévoyance, *Houx,* page 166.

Privation, *Myrobolan.* Le Myrobolan a le port du prunier ; il produit un fruit qui a la couleur et l'apparence d'une très-belle cerise, qui ne contient qu'une eau fade et dégoûtante. Les oiseaux eux-mêmes rebutent cette proie qu'on leur abandonne.

Profit, *Chou.* Autrefois à Rome les campagnes étaient couvertes de choux ; ceux qui se livraient à cette culture en retiraient des profits immenses ; c'est peut-être de là que nous est venue cette façon proverbiale de nous exprimer quand nous disons qu'un homme *fait ses choux gras,* pour faire entendre qu'il gère bien ses affaires et que tout tourne à son profit.

Promptitude, *Giroflée de Mahon.* Aussitôt que l'on a confié la graine de cette plante à la terre, elle germe, et quarante jours après on a des massifs ou des bordures couvertes de fleurs. Mais, comme ces fleurs passent vite, pour en jouir longtemps on doit en semer depuis le mois de mars jusqu'au mois d'août. Rien n'est plus frais, plus varié que les jolies nuances lilas, rose et blanc de ces fleurs, qui répandent une odeur charmante.

Prospérité, *Hêtre.* Le Hêtre peut être regardé comme le rival du Chêne par la beauté de son port et l'utilité de son bois ; il croit partout et s'élève si promptement, qu'on dit en proverbe qu'on le voit prospérer à vue d'œil.

Propreté, *Genêt.* Il y a dans le genre des Genêts plusieurs espèces utiles. Quelques-unes sont employées en médecine, d'autres servent à faire des balais, d'autres fournissent des teintures ; toutes croissent naturellement. Le Genêt d'Espagne est le seul cultivé pour la beauté et le parfum de ses fleurs.

Prudence, *Cormier,* page 149.

Pudeur, *Acacia pudique, Sensitive.* La Sensitive, *Mimosa pudica,* semble fuir sous la main qui veut la toucher. A la moindre secousse ses folioles s'appliquent les uns sur les autres et se recouvrent par leur surface supérieure. Ensuite le pétiole commun s'abaisse et va, si la plante est basse, s'appliquer sur la terre. Un nuage qui passe devant le soleil suffit pour changer la situation des feuilles et l'aspect de la plante. Les anciens avaient observé ce phénomène. Pline en parle, mais ni Pline ni les modernes botanistes n'ont pu l'expliquer.

Puissance, *Impériale.* Les fleurs de l'Impériale ressemblent à des Tulipes renversées ; elles sont disposées en couronne à un ou deux rangs sur le haut de la tige, que termine un faisceau de feuilles d'un beau vert. Chacune des fleurs contient plusieurs gouttes d'eau qui restent attachées au fond de la corolle jusqu'à ce qu'elle soit fanée. Alors les pédicules des fleurs se relèvent pour mûrir leurs graines. Le jeu des six étamines est aussi fort curieux ; toutes sont écartées du pistil ; trois viennent d'abord offrir leur hommage, les trois autres viennent à leur tour lorsque celles-ci sont retirées.

Pureté, *Épi de la Vierge, Ornithogale pyramidal.* Rien n'est plus doux, plus pur, plus agréable que l'aspect de cette belle plante, qui élève au mois de juin une longue grappe de fleurs étoilées, blanches comme du lait.

Rareté, *Mandragore.* Les anciens attribuaient de grandes vertus à la Mandragore, mais, comme ils ne nous ont laissé aucune description juste de cette plante, nous ignorons à quelle espèce ils donnaient ce nom. Nos charlatans, habiles à profiter de toutes les erreurs, savent, par un artifice assez grossier, faire prendre la forme d'un petit homme à différentes racines, qu'ils montrent aux crédules en leur racontant que ces racines merveilleuses sont de véritables Mandragores, qui ne se trouvent que dans un petit canton de la Chine presque inaccessible. Ils ajoutent que ces Mandragores poussent des cris lamentables lorsqu'on les arrache, et que celui qui les arrache meurt bientôt après. Pour se procurer cette racine, on doit la découvrir avec précaution, en bêchant la terre, passer alentour une corde attachée à un chien, qui porte seul alors la peine d'une action impie. On ferait un volume triste et curieux de toutes les idées bizarres, absurdes et superstitieuses qu'ont fait naître quelques anciennes erreurs sur les vertus supposées d'une plante qui n'a peut-être jamais existé.

Raison, *Galéga.* La médecine fait usage des sucs de cette plante pour apaiser les transports de cerveau et rappeler la raison qui s'égare.

Récompense de la vertu, *une Couronne de Roses*, page 65. Voyez aussi **Couronnes,** page 153.

Réconciliation, Paix, *Coudrier*, page 175.

Reconnaissance, *Agrimoine*, ou *Religieuse des champs*. L'Agrimoine est cette jolie Campanule dont les fleurs, du lilas le plus tendre, sont suspendues sur la tige en forme de clochettes, Madame de Chasteney dit dans son *Calendrier de Flore* : « On soupçonne que le nom d'Agrimoine a été donné à cette plante par la ressemblance de ses calices dépouillés de fleurs avec les petites clochettes des ermites. Pour moi, je pense que la reconnaissance a fait donner le nom de Religieuse des champs à cette Campanule jolie, salutaire et bienfaisante, en l'honneur de quelque bonne, douce et complaisante hospitalière. »

Reconnaissance (Ma) surpasse vos soins, *Dahlia*, page 92.

Refroidissement, *Laitue.* Vénus, après la mort d'Adonis, se coucha sur un lit de Laitues, afin d'éteindre les feux d'un inutile amour.

Rendez-moi justice, *Châtaignier.* Les Châtaignes sont renfermées par deux, trois et quatre, dans un calice commun, qui devient une coque verte et hérissée de piquants nombreux. Ceux qui ne connaissent pas cet arbre négligent ses fruits sur cette rude apparence.

Rendez-vous, *Mouron Anagalis.* Dioscoride nous apprend que l'espèce de Mouron la plus commune était employée à faire sortir les fers de flèche qui étaient engagés dans les blessures, ce qui lui a fait donner le nom dérivé du grec *anago, attirer.*

Réserve, *Érable.* On a fait de l'Érable l'emblème de la réserve, parce que ses fleurs tardent à s'ouvrir et tombent avec une extrême lenteur.

Résistance, *Tremelle Nostoc.* La Tremelle est une plante gélatineuse qui a beaucoup occupé les savants, et qui, jusqu'ici, a échappé à leurs recherches. Elle est fort célèbre chez les alchimistes, qui s'en servaient pour préparer la pierre philosophale et la panacée universelle, comme d'une émanation des astres. D'autres savants n'ont voulu voir dans cette gélatine que la déjection des hérons qui ont mangé des grenouilles ; d'autres y ont vu un véritable animal. Mais il semble que, pour échapper à toute recherche, cette plante se transforme en plusieurs plantes analogues, qui toutes se transforment les unes dans les autres. On la trouve dans les allées des jardins, dans les prairies. Je l'ai quelquefois vue, après des nuits fraîches et pluvieuses, couvrir entièrement le sol des bosquets des Tuileries ; mais quelques heures de sommeil la faisaient disparaître. Enfin on ne sait encore rien de bien positif sur la Tremelle ; c'est un secret de la nature qui répond au *tout est dit* des ignorants.

Retour du bonheur, *Muguet*, page 47.

Rêverie, *Osmonde.* Mathiole attribue à cette jolie fougère, qui croît sur les rochers humides, la vertu d'inspirer des songes prophétiques.

Richesse, *Blé*, page 91.

Rigueurs, *Camara piquant.* Le Camara nous vient d'Amérique ; on le voit en tout temps couvert de fleurs d'un blanc de neige et d'une odeur suave, mais les épines courtes et courbées qui défendent sa tige et ses rameaux font sentir leurs rigueurs à qui veut y porter la main.

Rudesse, *Grateron.* L'âpre et rude Grateron, qui ne présente ni beauté ni utilité, est sans cesse banni de nos champs, dans lesquels il revient sans cesse.

Rupture, *Polémoine.* Pline assure que plusieurs rois se sont disputé l'honneur d'avoir trouvé la Polémoine ; ce qui fit donner à cette plante le nom de Polémos, qui signifie *Guerre.*

Rupture, *une Paille brisée,* page 143.

Sagesse, *Mûrier blanc.* Les anciens ont appelé le Mûrier blanc le plus sage des arbres, parce qu'il tarde longtemps à développer ses feuilles. On dit par opposition : Fol Amandier, sage Mûrier, parce que l'Amandier est toujours le premier à fleurir. Une branche d'Amandier unie à une branche de Mûrier exprime que la sagesse doit tempérer l'activité.

Secours, Asile, *Genévrier,* page 171.

Séparation, *Jasmin de Virginie,* page 102.

Silence, *Rose blanche.* Le dieu du Silence était représenté sous la forme d'un jeune homme demi-nu, tenant un doigt sur la bouche, et ayant une Rose blanche dans l'autre main ; on dit que l'Amour lui avait donné cette rose pour lui être favorable. Les anciens sculptaient une Rose sur la porte de la salle des festins pour prévenir les convives qu'ils ne devaient rien répéter de tout ce qui s'y disait.

Simplicité, *Rose simple.* La simplicité embellit la beauté même et sert de voile à la laideur. Clémence Isaure, qui institua les Jeux floraux, voulut que le prix de l'éloquence fût une Rose simple.

Sincérité, *Fougère.* La Fougère prête des siéges aux amants et des verres aux buveurs, et tout le monde sait que l'amour et le vin rendent sincère.

Solitude, *Bruyère,* page 48.

Sommeil du cœur, *Pavot blanc.* On exprime de la graine du Pavot blanc une huile sans saveur qui calme les sens et provoque le sommeil.

Sortilège, *Circé.* Comme l'indique son nom, cette plante est célèbre dans les évocations magiques. Sa fleur en épi est rose veiné de pourpre. On la trouve dans les lieux humides et ombragés ; elle aime surtout à croître sur les ruines et sur les débris des tombeaux.

Sottise, *Géranium écarlate,* page 132.

Souffrances d'amour, *une Rose blanche et une Rose rouge,* page 67.

Soupçon, *Champignon.* On connaît plusieurs espèces de Champignons qui sont des poisons mortels. Les Ostiaks, peuples de Sibérie, font avec trois *Agaricus muscarius* une préparation qui donne la mort en douze heures à l'homme le plus robuste. Plusieurs Champignons de nos climats sont aussi dangereux ; il en est qui renferment une liqueur si âcre, qu'une seule goutte mise sur la langue y produit une escarre. Cependant les Russes, durant leurs longs carêmes, se nourrissent presque entièrement de Champignons, et nous-mêmes nous regardons ceux de couches comme un mets très-friand ; pourtant ils doivent toujours inspirer des soupçons, et il faut, avant de s'en servir, les exposer à la chaleur de l'eau bouillante ; cette précaution leur enlève leur âcreté et leur ôte tout leur parfum, s'ils ne sont pas d'une bonne espèce.

Souvenez-vous de moi, *Myosotis,* page 110.

Soyez mon appui, *Taminier.* Le Taminier, vulgairement *Racine vierge,* ou *Sceau de Notre-Dame,* se trouve par toute l'Europe ; ses faibles tiges demandent un soutien et font un effet charmant partout où elles s'appuient.

Stoïcisme, *Buis.* Le Buis aime l'ombre ; il supporte sans changer sa verdure le froid et le chaud ; il n'exige aucun soin, et dure des siècles.

Sûreté, *Cistre.* Le Cistre ressemble aux pois chiches ; on le cultive rarement. Aristote assure que cette plante préserve des esprits et des fantômes ceux qui la tiennent à la main.

Surprise, *Truffe.* Ce végétal singulier est un éternel objet de surprise pour l'observateur ; il n'a ni tiges, ni racines, ni feuilles. La Truffe naît sous terre et y reste tout le temps de son existence.

Sympathie, *Toquet* ou *Statice maritime.* Le nom de cette plante vient du mot grec *Statikos*, qui exprime tout ce qui a la propriété d'arrêter, d'unir, de retenir. Les fleurs de cette plante sont petites, nombreuses, tournées vers le ciel, et forment des épis d'un joli bleu. On les cultive pour leurs agréments, mais la plante est naturelle aux lieux marécageux, et surtout aux rivages de la mer, dont elle lie les sables par ses nombreuses racines.

Temps, *Peuplier blanc.* Le peuplier blanc est un arbre indigène qui élève à plus de quatre-vingt-dix pieds une tête superbe sur un tronc droit, couvert d'une écorce argentée. Les anciens l'avaient consacré au temps, parce que les feuilles de ce bel arbre sont dans une agitation continuelle, et que, brunes d'un côté et blanches de l'autre, elles peignent l'alternative des jours et des nuits.

Tenez vos promesses, *Prunier.* Tous les ans les Pruniers se couvrent d'une multitude de fleurs ; mais, si la main d'un habile jardinier ne retranche une partie de ce luxe inutile, ces arbres ne rapportent guère qu'une fois en trois ans.

Timidité, *Belle-de-nuit*, page 135.

Trahison, *Myrtile.* Œnomaüs, père de la belle Hippodamie, avait pour écuyer le jeune Myrtile, fils de Mercure. Fier de cet avantage, il exigeait que tous ceux qui prétendaient à la main de sa fille entrassent en lice et lui disputassent le prix de la course des chariots. Pélops, qui voulait obtenir Hippodamie, promit à Myrtile une grande récompense s'il voulait ôter la clavette qui tenait les roues du char de son maître. Myrtile se laissa séduire : le char versa, et Œnomaüs fut tué ; mais en expirant il supplia

Pélops de le venger, ce qu'il fit en jetant le traître à la mer. Les eaux ayant rapporté son corps sur le rivage, Mercure le changea en l'arbuste qui porte son nom : cet arbuste ressemble à un petit Myrte. C'est l'*Airelle anguleuse*. Elle croît aux bords de la mer, dans les lieux couverts et frais. A ses jolies fleurs en grelots succèdent des baies d'un bleu foncé, d'une saveur piquante et agréable.

Tranquillité, *Alysse des rochers*. Les anciens croyaient que l'Alysse des rochers, que nous appelons vulgairement Corbeille d'or, était propre à guérir de la rage ; on s'en sert encore contre cette affreuse maladie.

Tristesse, *If*, page 172.

Tristesse, Mélancolie, *Feuilles mortes*, page 147.

Union, *une Paille entière*, page 143.

Utilité, *Herbe, Gazon*, page 15.

Variété, *Reine-Marguerite*, page 112.

Vérité, *Morelle douce-amère*. Les anciens pensaient que la vérité était mère de la vertu, fille du temps et reine du monde. Nous disons, nous, que cette divinité se cache au fond d'un puits, qu'elle mêle toujours quelque amertume à ses bienfaits, et nous lui donnons pour emblème une plante inutile, qui, comme elle, aime l'ombre et reverdit sans cesse. La Morelle douce-amère est, je crois, la seule plante de nos climats qui perde et reproduise ses feuilles deux fois dans la même année.

Vice, *Ivraie*, page 82.

Vie, *Luzerne*, page 45.

Vivre sans aimer, *Agnus-castus*, page 169.

Volupté, *Tubéreuse*, page 115.

Vos charmes sont tracés dans mon cœur, *Fusain*. Le Fusain, ainsi nommé parce que son bois sert à faire des fuseaux, sert aussi à préparer des crayons. Les sculpteurs l'estiment, les tourneurs le recherchent. Si ce bois est précieux aux arts, l'arbuste qui le produit doit l'être aux cultivateurs. Les haies qui en sont formées paraissent, en automne, chargées de fruits roses du plus joli effet.

Vos qualités surpassent vos charmes, *Réséda*, page 97.

Vos yeux me glacent, *Ficoïde cristalline*. Les feuilles de cette plante singulière sont couvertes de vésicules transparentes et pleines d'eau. Quand la plante est à l'ombre, on la dirait couverte de rosée ; exposée au plus ardent soleil, elle paraît parsemée de cristaux glacés qui jettent un grand éclat ; c'est ce qui la fait vulgairement appeler *Glaciale*.

Votre présence me ranime, *Romarin*. L'eau de la reine de Hongrie est faite avec le Romarin ; cette eau ranime les esprits et dissipe les vertiges et les défaillances.

Vous êtes brillante d'attraits, *Renoncule asiatique*. C'est au commencement du printemps qu'on voit l'éblouissante Renoncule développer dans nos jardins ses fleurs variées, lustrées, éclatantes de mille couleurs, brillantes de mille attraits. Aucune autre plante n'offre aux amateurs des variétés aussi piquantes et un aussi riche coup d'œil.

Vous êtes froide, *Hortensia*. Nous ne possédons l'Hortensia que depuis peu d'années. Quoique ses corymbes de fleurs soient alternativement revêtus de blanc, de pourpre et de violet, que son ensemble ait de l'éclat et qu'elle se plaise dans l'appartement, on se lasse vite de sa froide beauté, image d'une coquette qui, sans grâce et sans esprit, voudrait plaire uniquement par sa toilette.

Vous êtes ma divinité, *Gyroselle*. La tige élégante et d'un seul jet de cette plante s'élève du centre d'une rosette de feuilles, grandes et couchées à terre ; en avril elle se couronne de douze jolies fleurs roses renversées. Linnée a donné à cette plante le nom de *Dodécathéon*, qui signifie douze divinités. Ce nom est peut-être un peu fastueux pour une petite plante assez modeste, mais les botanistes, et surtout les amants, n'y regardent pas de si près.

Vous êtes parfaite, *Ananas.* Le fruit de l'Ananas, environné de ses belles feuilles, et surmonté d'une couronne qui sert à le reproduire, ressemble à une pomme de pin sculptée dans une masse d'or pâle ; il est si beau, qu'il semble fait pour le plaisir des yeux, si délicieux qu'il réunit les saveurs variées de nos meilleurs fruits, et si odorant, qu'on le cultiverait pour ses seuls parfums.

Vous êtes sans prétention, *Coquelourde.* La Coquelourde, qu'on appelle aussi fleur de Jupiter, ou Couronne des Champs, est une plante duveteuse, molle et blanchâtre dans toutes ses parties ; elle se couvre durant tout l'été d'un nombre infini de jolies fleurs pourprées qui ressemblent à de petits Œillets ; elle aime l'ombre et ne demande aucun soin ; souvent elle se sème d'elle-même.

Dictionnaire des plantes avec leurs emblèmes pour traduire un billet ou un sélam

Absinthe, *Absence.*
Acacia, *Amour platonique.*
Acacia rose, *Élégance.*
Acanthe, *Arts.*
Achillée, *Guerre.*
Adonide, *Douloureux souvenirs.*
Adoxa, *Faiblesse.*
Agnus-castus, *Froideur, vivre sans aimer.*
Agrimoine, *Reconnaissance.*
Alisier, *Accords.*
Aloès, *Amertume, Douleur*
Alysse des rochers, *Tranquillité.*
Amandier, *Étourderie.*
Amarante, *Immortalité.*
Amaryllis, *Fierté.*
Ananas, *Vous êtes parfaite.*
Anémone, *Abandon.*
Anémone des prés, *Maladie.*
Ancolie, *Folie.*
Angélique, *Inspiration.*
Ansérine. *Voyez* Belvédère.

Argentine, *Naïveté.*
Armoise, *Bonheur.*
Asphodèle, *Mes regrets vous suivent au tombeau.*
Aster à grandes fleurs, *Arrière-pensée.*
Aubépine, *Espérance.*

Baguenaudier, *Amusement frivole.*
Balsamine, *Impatience.*
Bardane, *Importunité.*
Basilic, *Haine.*
Baume de Judée, *Guérison.*
Belle-de-Jour, *Coquetterie.*
Belle-de-Nuit, *Timidité.*
Belvédère, ou Ansérine à balais, *Je vous déclare la guerre.*
Blé, *Richesse.*
Bluet, *Délicatesse.*
Bon-Henri, *Bonté.*
Bouquet, *Galanterie.*

Bourrache, *Brusquerie*.
Bouton de rose, *Jeune fille*.
Bouton de rose blanche, *Cœur qui ignore l'amour*.
Brise tremblante, *Frivolité*.
Bruyère, *Solitude*.
Buglosse, *Mensonge*.
Bugrane, *Obstacle*.
Buis, *Stoïcisme*.

Camara piquant, *Rigueur*.
Capillaire, *Discrétion*.
Centaurée, fleur du Grand Seigneur, *Félicité*.
Cerisier, *Bonne éducation*.
Champignon, *Soupçon*.
Chardon, *Austérité*.
Chardon à foulon, *Misanthropie*.
Charme, *Ornement*.
Châtaignier, *Rendez-moi justice*.
Chêne, *Hospitalité*.
Chèvrefeuille, *Liens d'amour*.
Chicorée, *Frugalité*.
Chou, *Profit*.
Circé, *Sortilège*.
Ciste, *Sûreté*.
Citronnelle, *Douleur*.
Citrouille, *Grosseur*.
Clandestine, *Amour caché*.
Clématite, *Artifice*.
Colchique, *Mes beaux jours sont passés*.
Convolvulus de nuit, *Nuit*.
Cormier, *Prudence*.

Coquelicot, *Consolation*.
Coquelourde, *Vous êtes sans prétention*.
Coriandre, *Mérite caché*.
Coronille sauvage, *Durée*.
Coudier, *Réconciliation*.
Couleurs. *Voyez* page 159.
Couronne de roses, *Récompense de la vertu*.
Couronnes. *Voyez* page 153.
Cuscute, *Bassesse*.
Cyprès, *Deuil*.

Datura, *Charmes trompeurs*.
Dictame de Crête, *Naissance*.
Dahlia, *Ma reconnaissance surpasse vos soins*.

Ébénier, *Noirceur*.
Églantier, *Poésie*.
Énothère à grandes fleurs, *Inconstance*.
Éphéméride de Virginie, *Bonheur d'un inconstant*.
Épines noires, *Difficultés*.
Épine-Vinette, *Aigreur*.
Érable, *Réserve*.

Fenouil, *Force*.
Feuilles mortes, *Mélancolie*.

Ficoïde glaciale, *Vos feux me glacent.*
Fleurs d'oranger, *Chasteté.*
Fougère, *Sincérité.*
Foulsapatte, *Amour humble et malheureux.*
Fraises, *Bonté parfaite.*
Fraxinelle, *Feu.*
Frêne, *Grandeur.*
Fumeterre, *Fiel.*
Fusain, *Vos charmes sont tracés dans mon cœur.*

Galéga, *Raison.*
Garance, *Calomnie.*
Genêt, *Propreté.*
Genette, *Espérance trompeuse.*
Genévrier, *Asile, Secours.*
Géranium écarlate, *Sottise.*
Géranium rosé, *Préférence.*
Géranium triste, *Esprit mélancolique.*
Girofle, *Dignité.*
Giroflée de Mahon, *Promptitude.*
Giroflée de muraille, *Fidèle au malheur.*
Giroflée des jardins, *Beauté durable.*
Glaciale. *Voyez* Ficoïde.
Glycine, *Votre amitié m'est douce et agréable.*
Gouet commun, *Ardeur.*
Gouet Gobe-Mouche, *Piège.*
Grateron, *Rudesse.*

Grenade, *Fatuité.*
Grenadille bleue, *Croyance.*
Gui, *Je surmonte tout.*
Guimauve, *Bienfaisance.*
Gyroselle, *Vous êtes ma divinité.*

Hélénie, *Pleurs.*
Héliotrope, *Enivrement : Je vous aime.*
Hépatique, *Confiance.*
Herbe, Gazon, *Utilité.*
Hêtre, *Prospérité.*
Hortensia, *Vous êtes froide.*
Houblon, *Injustice.*
Houx, *Prévoyance.*
Hyacinthe, *Jeu.*

Ibéride de Perse, Thlaspi vivante, *Indifférence.*
If, *Tristesse.*
Impériale, *Puissance.*
Ipomée écarlate, Jasmin rouge de l'Inde, *Je m'attache à vous.*
Iris, *Message.*
Iris-Flambe, *Flamme.*
Ivraie, *Vice.*

Jacinthe, *Bienveillance.*
Jasmin blanc, *Amabilité.*
Jasmin de Virginie, *Séparation.*

Jasmin rouge de l'Inde. *Voyez* Ipomée.

Jonc des champs, *Docilité.*

Jonquille, *Désir.*

Jusquiame, *Défaut.*

Laitue, *Refroidissement.*

Lauréole, ou Bois-Gentil, *Coquetterie, Désir de plaire.*

Laurier, *Gloire.*

Laurier-Amandier, *Perfidie.*

Laurier-Tin. *Voyez* Viorne.

Lavande, *Méfiance.*

Lianes, *Nœuds.*

Lierre, *Amitié.*

Lilas, *Première émotion d'amour.*

Lilas blanc, *Jeunesse.*

Lin, *Je sens vos bienfaits.*

Lis, *Majesté.*

Liseron des champs, *Humilité.*

Lunaire. *Voyez* Oublie.

Luzerne, *Vie.*

Mancenillier, *Fausseté.*

Mandragore, *Rareté.*

Marguerite des prés, *J'y songerai.*

Marguerite (petite) double, *Je partage vos sentiments.*

Marguerite (petite), *Innocence.*

Marronnier d'Inde, *Luxe.*

Mélèze, *Audace.*

Mélisse Citronnelle, *Plaisanterie.*

Menthe poivrée, *Chaleur de sentiment.*

Ményanthe, *Calme, repos.*

Mignardise, *Enfantillage.*

Miroir de Vénus, *Flatterie.*

Momordique piquante, *Critique.*

Monceau de fleurs, *Nous mourrons ensemble.*

Morelle douce-amère, *Vérité.*

Mouron, *Rendez-vous.*

Mousse, *Amour maternel.*

Mufle-de-veau, *Présomption.*

Muguet, *Retour du bonheur.*

Mûrier blanc, *Sagesse.*

Mûrier à fruit noir, *Je ne vous survivrai pas.*

Myosotis, *Souvenez-vous de moi ; ne m'oubliez pas.*

Myrobolan, *Privation.*

Myrte, *Amour.*

Myrtile, *Trahison.*

Narcisse, *Égoïsme.*

Nymphæa-Lotus, *Éloquence.*

Œillet, *Amour vif et pur.*

Œillet de poëte, *Finesse.*

Œillet jaune, *Dédain.*

Olivier, *Paix.*

Onagre. *Voyez* Énothère.

Ophrise-Araignée, *Adresse.*

Ophrise-Mouche, *Erreur.*

Oranger, *Générosité.*
Ornithogale, épi de la Vierge, *Pureté.*
Ortie, *Cruauté.*
Osier, *Franchise.*
Osmonde, *Rêverie.*
Oublie, grande Lunaire, *Oubli.*
Oxalis, *Joie.*

Quinte-Feuille, *Fille chérie.*

Roquette, *Je brûle.*
Reine-Marguerite, *Variété.*
Renoncule asiatique, *Vous êtes brillante d'attraits.*
Renoncule scélérate, *Ingratitude.*
Réséda, *Vos qualités surpassent vos charmes.*
Romarin, *Votre présence me ranime.*
Ronces, *Envie.*
Rose, *Beauté.*
Rose à cent feuilles, *Grâces.*
Rose blanche, *Silence.*
Rose capucine, *Éclat.*
Rose blanche avec une rose rouge, *Feu du cœur.*
Rose des quatre saisons, *Beauté toujours nouvelle.*
Rose jaune, *Infidélité.*
Rose mousseuse, *Amour, Volupté.*
Rose musquée, *Beauté capricieuse.*
Rose pompon, *Gentillesse.*
Rose simple, *Simplicité.*
Rose trémière, *Fécondité.*
Rose (une feuille), *Jamais je n'importune.*
Rose de Gueldre, *Bonne nouvelle.*
Rosier au milieu d'une touffe de gazon, *Il y a tout à gagner avec la bonne compagnie.*

Paille brisée, *Rupture.*
Paille entière, *Union.*
Patience, *Patience.*
Pavot blanc, *Sommeil du cœur.*
Perce-Neige, *Consolation.*
Persil, *Festin.*
Pervenche, *Doux souvenirs.*
Peuplier blanc, *Temps.*
Peuplier noir, *Courage.*
Peuplier-Tremble, *Gémissement.*
Pied-d'Alouette, *Légèreté.*
Pin, *Hardiesse.*
Pissenlit, *Oracle.*
Pivoine, *Honte.*
Platane, *Génie.*
Polémoine bleue, *Rupture.*
Polygala, *Ermitage.*
Pomme de terre, *Bienfaisance.*
Pommier (la fleur), *Préférence.*
Primevère, *Première jeunesse.*
Prunier, *Tenez vos promesses.*
Prunier sauvage, *Indépendance.*
Pyramidale bleue, *Constance.*

Roseau plumeux, *Indiscrétion.*
Roseaux, *Musique.*
Rue sauvage, *Mœurs.*

Safran, *N'abusez pas.*
Sainfoin oscillant, *Agitation.*
Salicaire, *Prétention.*
Sapin, *Élévation.*
Sardonie, *Ironie.*
Sauge (petite), *Estime.*
Saule de Babylone (ou pleureur),
    Mélancolie.
Sensitive, *Pudeur.*
Serpentaire, *Horreur.*
Soleil, *Fausses richesses.*
Souci, *Chagrin, peine.*
Souci et cyprès réunis, *Désespoir.*
Souci pluviatile, *Présage.*
Spirée ulmaire, *Inutilité.*
Statice maritime, *Sympathie.*
Stramoine commune, *Déguisement.*
Syringa, *Amour fraternel.*
Taminier, *Soyez mon appui.*

Thym, *Activité.*
Tlaspi, *Indifférence.*
Tilleul, *Amour conjugal.*
Tremelle Nostoc, *Résistance.*
Troëne, *Défense.*
Truffe, *Surprise.*
Tubéreuse, *Volupté.*
Tulipe, *Déclaration d'amour.*
Tussilage odorant, *On vous rendra
    justice.*

Valériane rouge, *Facilité.*
Véronique, *Fidélité.*
Verveine, *Enchantement.*
Vigne, *Ivresse.*
Violette, *Modestie.*
Violette blanche, *Candeur.*
Viorne-Laurier-Tin, *Je meurs si
    on me néglige.*

Table des matières

HIVER

Dans la même collection

Ce volume,
le quarante-et-unième de la collection « De natura rerum »,
publié aux éditions Klincksieck,
a été achevé d'imprimer en mars 2023
sur les presses de Présence Graphique

N° d'éditeur : 00397
N° d'imprimeur : 032374814
Dépôt légal : avril 2023